U0415979

自然资源
调查监测技术与方法

ZIRAN ZIYUAN DIAOCHA JIANCE JISHU YU FANGFA

支瑞荣　李会芳　赵延华　马泽斌
葛超英　王江波　万汉娟　刘现华

编著

图书在版编目(CIP)数据

自然资源调查监测技术与方法/支瑞荣等编著.—武汉:中国地质大学出版社,2022.6

ISBN 978-7-5625-5324-3

Ⅰ.①自… Ⅱ.①支… Ⅲ.①自然资源-资源调查-监测系统-研究-中国 Ⅳ.①P962

中国版本图书馆 CIP 数据核字(2022)第 121384 号

自然资源调查监测技术与方法 支瑞荣 李会芳 **等编著**

责任编辑:张 林 选题策划:张 林 责任校对:张咏梅

出版发行:中国地质大学出版社(武汉市洪山区鲁磨路 388 号) 邮编:430074

电 话:(027)67883511 传 真:(027)67883580 E-mail:cbb@cug.edu.cn

经 销:全国新华书店 http://cugp.cug.edu.cn

开本:787 毫米×1092 毫米 1/16 字数:230 千字 印张:8.75

版次:2022 年 6 月第 1 版 印次:2022 年 6 月第 1 次印刷

印刷:武汉邮科印务有限公司

ISBN 978-7-5625-5324-3 定价:58.00 元

前　言

长期以来，我国自然资源实行分头管理，自然资源调查监测工作分头组织，导致调查监测在对象、范围、内容等方面存在重复和交叉，不利于将山水林田湖草作为一个生命共同体进行系统治理。第三次全国国土调查（简称“三调”）工作领导小组办公室负责人表示，开展自然资源统一监测评价，是贯彻落实新发展理念、推进自然资源管理体制改革的重要举措，也是履行自然资源管理“两个统一、六项职责”的前提和基础。

中共中央印发的《深化党和国家机构改革方案》明确将土地、矿产、海洋、森林、草原、湿地、水资源调查职责整合到新组建的自然资源部。党的十九届四中全会明确提出“加快建立自然资源统一调查、评价、监测制度”。自然资源统一调查不是对现有各类调查监测的简单延续和物理拼接，而是要适应生态文明建设和自然资源管理的需要，按照科学、简明、可操作要求，进行改革创新和系统重构。

同时，近年大数据、人工智能、5G、区块链、知识图谱、空间信息等高新技术的迅猛发展和交叉融合，为构建自然资源调查监测体系提供了必要的技术支撑和保障条件。

2018 年 7 月 31 日，从北京召开的第三次全国土地调查工作通气会上获悉，我国将构建“统一组织开展、统一法规依据、统一调查体系、统一分类标准、统一技术规范、统一数据平台”的“六统一”自然资源调查监测体系，全面查清各类自然资源的分布状况，形成一套全面、完善、权威的自然资源管理基础数据，并在此基础上优化国土空间变化监测体系，以满足自然资源治理体系和治理能力现代化的需求。由此可见，编制统一的自然资源调查监测技术规范势在必行。

坚持山水林田湖草是一个生命共同体的理念，建立自然资源统一调查、监测、评价制度，形成协调有序的自然资源调查监测工作机制。以自然资源科学和地球系统科学为理论基础，建立以自然资源分类标准为核心的自然资源调查监测标准体系；以空间信息、人工智能、大数据等先进技术为手段，构建高效的自然资源调查监测技术体系。全面查清我国土地、矿产、森林、草原、水、湿地、海域海岛等自然资源状况，强化全过程质量管控，保证成果数据真实、准确、可靠；依托基础测绘成果和各类自然资源调查监测数据，建立自然资源三维立体时空数据库和管理系统，实现调查监测数据集中管理；分析评价调查监测数据，揭示自然资源相互关系和演替规律。

本书的编撰主要基于“河北省自然资源调查监测评价技术方法研究”项目。该项目通过调研及分析各类自然资源调查监测方法，对自然资源调查监测评价的技术方法进行研究，为河北省建立自然资源统一调查、监测、评价的指标体系和统计标准奠定了基础。本书可为自然资源调查监测工作的开展提供参考。

本书在编撰过程中得到了河北省自然资源厅自然资源调查监测处、河北省水文工程地质勘查院等有关领导和专家的指导与帮助，在此一并表示衷心感谢！

本书所包含的信息仅仅为了阐明问题，个人及其他关联机构不承担由于材料的任何错误或不精确等所带来的责任。限于笔者水平有限，书中难免存在一些不足之处，敬请读者批评指正。

笔 者

2021 年 11 月 26 日

目　录

第一章　自然资源调查监测研究进展

第一节　概　述

自然资源统一调查监测的总体目标：贯彻党的十九大和十九届二中、三中、四中、五中全会精神，以习近平新时代中国特色社会主义思想为指导，贯彻落实习近平生态文明思想，履行自然资源部"两统一"职责（统一行使全民所有自然资源资产所有者职责，统一行使所有国土空间用途管制和生态保护修复职责），构建自然资源调查监测体系，统一自然资源分类标准，依法组织开展自然资源调查监测评价，查清我国各类自然资源家底和变化情况，为科学编制国土空间规划，逐步实现山水林田湖草的整体保护、系统修复和综合治理，保障国家生态安全提供基础支撑，为实现国家治理体系和治理能力现代化提供服务保障。

长期以来，我国自然资源实行分头管理，自然资源调查监测工作分头组织，导致调查监测在对象、范围、内容等方面存在重复和交叉，不利于将山水林田湖草作为一个生命共同体进行系统治理。三调工作领导小组办公室负责人表示，开展自然资源统一监测评价，是贯彻落实新发展理念、推进自然资源管理体制改革的重要举措，也是履行自然资源管理"两个统一、六项职责"的前提和基础。《深化党和国家机构改革方案》明确将土地、矿产、海洋、森林、草原、湿地、水资源调查职责整合到新组建的自然资源部。党的十九届四中全会明确提出"加快建立自然资源统一调查、评价、监测制度"。

自然资源调查的目的是划清不同类型自然资源的边界，查清自然资源状况，为统一确权登记、专项自然资源调查、自然资源管理和生态文明建设提供基础数据。自然资源调查监测评价对象的调查内容设定，应满足自然资源管理的需求、自然资源专项调查的基础需求和统一确权登记的需求。

自然资源调查分为基础调查和专项调查。其中，基础调查是对自然资源共性特征开展的调查，专项调查是指为自然资源的特性或特定需要开展的专业性调查。基础调查和专项调查相结合，共同描述自然资源总体情况。

基础调查的主要任务是查清各类自然资源体投射在地表的分布和范围以及开发利用与保护等基本情况，掌握最基本的全国自然资源本底状况和共性特征。基础调查以各类自然资源的分布、范围、面积、权属性质等为核心内容，以地表覆盖为基础。

专项调查的主要任务是针对土地、矿产、森林、草原、水、湿地、海域海岛等自然资源的特性、专业管理和宏观决策需求，组织开展自然资源的专业性调查，查清各类自然资源的数量、质量、结构、生态功能以及相关人文地理等多维度信息。

《自然资源调查监测体系构建总体方案》中明确指出，自然资源，是指天然存在、有使用价值、可提高人类当前和未来福利的自然环境因素的总和。自然资源部职责涉及土地、矿产、森林、草原、水、湿地、海域海岛等自然资源，涵盖陆地和海洋、地上和地下。耕地、森林、草原、湿地、水域、海域海岛等资源的分布、范围和面积等内容在基础调查中完成，专项调查时原则上不再重新调查。

《自然资源统一确权登记暂行办法》中表明，对水流、森林、山岭、草原、荒地、滩涂、海域、无居民海岛以及探明储量的矿产资源等自然资源的所有权和所有自然生态空间统一进行确权登记。

《自然资源部职能配置、内设机构和人员编制规定》中明确自然资源部的主要职责是“履行全民所有土地、矿产、森林、草原、湿地、水、海洋等自然资源资产所有者职责和所有国土空间用途管制职责”。

《国土空间调查、规划、用途管制用地用海分类指南(试行)》中表明，国土空间调查、规划、用途管制用地用海分类(以下简称“用地用海分类”)遵循陆海统筹、城乡统筹、地上地下空间统筹的基本原则，对接土地管理法并增加“海洋资源”相关用海分类，按照资源利用的主导方式划分类型设置 24 种一级类、106 种二级类及 39 种三级类。

用地用海分类应体现主要功能，兼顾调查监测、空间规划、用途管制、用地用海审批和执法监管的管理要求，并应满足城乡差异化管理和精细化管理的需求。本指南确定的分类按照用地用海实际使用的主要功能或规划引导的主要功能进行归类，具有多种用途的用地应以其地面使用的主导设施功能作为归类的依据。

第二节　自然资源调查监测体系

《自然资源调查监测标准体系(试行)》充分考虑了土地、矿产、森林、草原、湿地、水、海洋等领域现有标准的基础，按照标准体系编制的原则和结构化思想，以统一自然资源调查监测标准为核心，按照自然资源调查监测体系构建的总体设计和自然资源调查监测工作流程构建。

调查类标准规定自然资源调查的内容指标、技术要求、方法流程等，包含基础调查、耕地资源调查、森林资源调查、草原资源调查、湿地资源调查、水资源调查、海洋资源调查、地下资源调查、地表基质调查等其他类型。

第三节　国外自然资源调查监测进展

早在 20 世纪 30 年代，一些发达国家普遍开展了土地资源调查工作，其中，美国、英国、日本等国家还专门设立了相应的土地利用现状调查规划和管理机构，进行全国性的土地利用调查工作。同时，世界各国近年来从森林资源、草地资源、水资源、土地资源等方面相继开展了不同类型的自然资源专项调查工作。

一、森林资源

森林资源调查历史最早可追溯至中世纪末，当时林业资源遭到人类过度砍伐利用，导致木材短缺，于是人类不得不进行森林调查和规划经营工作。早期的森林调查重点为森林面积调查和蓄积量估算，然而这些调查具有很强的地域性特点。从 19 世纪开始，欧洲和美国等国家开始调查收集一些共有的林业信息。

1945年，联合国粮食及农业组织在召开的会议上，强调了掌握森林资源的重要性，第二年开展了森林资源调查，于1948年公布了第一次调查结果，并在此后定期发表报告。

1970年以前，联合国粮食及农业组织只是收集统计世界各国答复的内容并制成调查表。1980年开始，资源调查引进了卫星图像分析，提高了调查的精度，相关研究结果作为世界森林资源中期报告予以发表。在1990年的调查中，大幅度扩大了卫星图像分析的范围。1995年以后，联合国粮食及农业组织每两年公布一次世界森林资源调查结果，对全球的森林资源健康状况进行定期检查，并发表世界森林状况报告。

二、草地资源

自20世纪60年代遥感技术出现以后，草原植被状况监测技术取得了突飞猛进的发展，使短时间内监测大区域范围草原植被状况具有可能性。

自20世纪80年代开始，部分国家已经开始将卫星资料用于草地植被的遥感监测，如NOAA/AVHRR资料用于草原植被覆盖度方面的遥感监测。随着遥感技术的进一步发展，草地植被遥感研究跨进通过数学、物理、逻辑经验以及模拟将原植被指数不断改进的高级理论分析阶段，利用植被指数对草原植被覆盖度进行研究。

遥感技术监测草地资源状况已成为国际草地科学研究中的重要课题，在加强科学管理草地中具有重要的实用价值，同时遥感技术在草地资源调查中的运用，使草地资源调查有了突飞猛进的变化，也为草地的科学发展提供了支持。

三、水资源

水是生命之源，是基础性自然资源和战略性经济资源，是生态环境的控制性要素。作为与粮食、能源同等重要的三大战略资源之一，在经济、社会发展和国家安全中具有极其重要的地位。地球表面约70%被水覆盖，但是淡水资源比例极小，大部分淡水储藏在南极和格陵兰的冰层中，其余多为土壤水分或深层地下水，不能被人类利用。因此，水资源的调查与合理利用刻不容缓。

水资源调查评价工作最早源于美国，苏联也较早开展水资源的调查评价工作。20世纪60年代以来，由于水资源问题的突出以及大量水资源工程的出现，加强对水资源开发利用的管理和保护被提上日程。

美国在1968年完成了第一次国家水资源评价报告，对美国水资源现状及展望进行了研究，提出了到2020年美国的需水展望。1978年，美国完成了第二次国家水资源评价报告，重点分析了可供水量及用水需求，并再次对各类用水现状及未来展望进行了分析，提出了解决相关水资源问题的措施。

1975年，西欧以及日本、印度等相继提出了水资源评价成果。1977年，联合国在马德普拉塔召开的世界水会议决议中提出“没有对水资源的综合评价就谈不上对水资源的合理规划与管理”，强调水资源评价是保证水资源持续开发和管理的前提，是进行与水有关活动的基础。会议要求各国积极开展国家级水资源评价工作。1988年，联合国教科文组织和世界气象组织认为水资源评价是对水资源的源头、数量范围及其可依赖程度、水的质量等方面的确定，并在此基础上评估水资源利用和控制的可能性。1992年在巴西里约热内卢召开的联合国环境与发展大会发表了《里约热内卢宣言》，强调了水资源评价的重要性。

四、土地资源

国外土地资源调查自 20 世纪 30 年代开始，英国、美国、日本、澳大利亚、德国、法国等经济发达国家，先后启动了土地资源调查及相关研究工作，还建立了相应的土地调查规划和管理机构。

20 世纪 70 年代，美国率先把以遥感技术为代表的“3S”技术和手段应用到土地资源调查领域，在推动行业技术升级的同时，也促进了土地资源调查从土地清查向土地评价方面拓展。美国学者索特 1922 年在美国密歇根州较早开展了土地调查工作，1934 年进行了以土壤侵蚀度为中心内容的土地利用调查。1937 年开展土地调查工作，制定了土地保护计划方案，并将土地按适宜性分级。美国地质调查局长期以来没有统一的分类系统，但在遥感技术的推动下，土地调查大面积展开，形成了土地利用及土地覆盖分类方案，并在之后利用遥感信息资料和自动化技术编制了 1∶130 万、1∶125 万土地利用图和土地覆盖图。

与美国土地利用调查工作同期，英国学者波纳在英国也展开了农业资源估算工作。1930 年，英国成立土地利用调查所，1931 年开展第一次土地利用调查，历时 10 多年，将英国土地划分为 6 种类型，并对英国土地利用情况和历史变化情况进行清查，形成了国家层面调查总报告、各郡分报告及土地利用专题图等一系列成果。1960 年开展第二次土地利用调查，并根据土地利用情况将土地划分为 12 种类型，同时绘制了 1∶25 万地图。20 世纪 60 年代后期，英国土地管理局绘制了 1∶65 000 英格兰与威尔士土地分类图，并对土地资源进行综合评价，这项工作对合理利用土地起到了非常积极的作用。

1946 年澳大利亚成立了全国土地调查小组，在全国领土 1/3 以上地区完成了大、中比例尺的土地调查，划分并编制了一系列大、中比例尺的土地地图。

加拿大的土地生态机构成立于 1969 年，主要职能为对土地利用和管理进行全面的调查与规划。1976 年，成立了加拿大生态土地分类委员会，并将 1969 年确定的土地分类等级和名称更改为生态带、生态省、生态区域、生态区、生态段、生态立地、生态元素，还把加拿大土地分成 7 个等级。

日本是亚洲国家中土地调查较有成就的国家，1951 年日本颁布了《国土调查法及其实施令》，1957 年颁布了《地籍调查作业规程准则》，1962 年颁布了《国土调查促进特别措施法及其实施令》，促进国土调查计划的实施，并以此制订 4 个国土调查 10 年计划，还先后编制了 1∶80 万土地利用图、1∶20 万土地利用图、1∶5 万土地利用图、1∶2.5 万土地利用图。其中，利用航空影像编制的土地利用图具有代表意义，它是日本土地利用信息数据化的基础，为全国和地区土地利用规划提供了主要依据。同时，将土地划分为 35 种类型，并在传统分类的基础上，将城市土地利用根据城市机能分类，农业用地、林业用地根据植被分类(任军等，2006)。

随后，荷兰、印度以及墨西哥、巴西等，在此期间都成立了专门的土地资源调查管理机构，并且颁布制定了一系列法律法规，先后开展了土地资源调查，同时在土地分类管理、地图编制等方面取得了丰硕的成果。

1976 年联合国粮食及农业组织正式公布了《土地评价纲要》，标志着可持续发展问题在土地资源调查和利用领域开始受到国际社会的广泛关注。20 世纪 90 年代以来，随着人类对环境保护问题的高度关注，土地的开发利用对全球生态环境状况的影响及其所引发的全球气候和环境变化成为土地资源调查的重要部分，并受到国际社会的高度重视。

第四节　我国自然资源调查监测进展

自然资源调查监测是农业资源管理、自然环境保护以及城市规划建设等方面重要的技术性基础工作，其目的是通过及时准确地掌握不同区域的土地数量和类型、分布规律和特点、资源禀赋和开发利用价值等土地资源基本情况，为国家的土地利用和产业布局调整以及土地规划制订等工作提供基础数据，为国家进行系统科学的土地管理、制定相关领域和行业的大政方针提供决策依据。

一、进展

近年来，我国相继开展了土地调查、森林资源清查、水利普查、草地资源调查、海岸带调查和地理国情普查等工作。通过不同部门组织开展的各类自然资源调查、普查、清查，获得了大量的数据，为国家重大决策部署提供了基础依据，为促进经济社会发展发挥了重要作用。

20 世纪 50 年代初到 60 年代末，我国由农业部牵头，组织了全国土壤普查，以耕地土壤调查为中心，开启了新中国土地资源调查事业的新篇章。1979 年以后，由全国农业区划委员会和国家林业部组织与推动，分别把我国农业资源和林业资源作为调查重点，在两条战线上组织实施了土地资源调查和评价工作。在农业系统，对各地区的耕地、草地和园林等农业资源的拥有和分布情况作了一次全面的调查。

20 世纪 80 年代，随着中央与各省陆续成立国土机构，我国的土地资源调查逐步走上正轨。随着我国改革开放的不断深入和国民经济的快速发展，农业土地短缺、土地管理粗放等问题日渐突出，我国土地资源调查的重心开始向土地资源科学规划和高效利用方面转移。截至 1999 年，通过对全国土地资源的普查，我国编制了从国家整体，到覆盖所有乡(镇)的 5 个层级的土地资源开发利用总体规划。同时，制定了土地标准体系，编写完成了多个技术标准和技术规程，为后续国土资源大调查等工程的顺利开展提供了制度保证和技术规范。

21 世纪，随着互联网技术、GNSS 技术、云计算、大数据等现代先进测绘和地理信息技术的不断成熟，以及这些技术在土地资源调查中的广泛应用，我国土地资源调查的集成化、数据化、信息化和智能化建设与相关理论研究也取得了长足进步。

我国主要自然资源专项调查情况见表 1-1。

表 1-1　我国主要自然资源专项调查统计

<table>
<tr><th>专项资源调查</th><th>时间</th><th>调查内容</th></tr>
<tr><td>全国土壤普查</td><td>1958—1960 年
1979—1985 年</td><td>土壤形成因素、典型土壤剖面描述、土壤类型的确定、土壤理化性状的测定、土壤评价和低产土壤改良规划等</td></tr>
<tr><td rowspan="2">国土调查与监测</td><td>1984—1996 年</td><td>土地详查：主要反映土地资源数量、分布、利用状况及权属</td></tr>
<tr><td>2007—2009 年</td><td>第二次全国土地调查：调查土地的地类、面积和权属；全国耕地、园地、林地、草地、商服、工矿仓储、住宅、公共管理与公共服务、交通运输、水域及水利设施用地等地类分布及利用状况</td></tr>
</table>

续表 1-1

专项资源调查	时间	调查内容
国土调查与监测	2010—2018 年	土地利用动态遥感监测:应用遥感数据,定期或不定期地监测同一区域土地利用变化情况,包括变化前后地类、范围、位置及面积等
	2010—2018 年	土地变更调查:监测每年土地变更,为国家宏观决策提供比较可靠的依据;对违法或涉嫌违法用地地区及其他特定目标等进行的日常快速监测,可为违法用地查处及突发事件处理提供依据
	2017—2019 年	第三次全国国土调查:掌握准确的全国土地利用现状和土地资源变化情况,进一步完善土地调查、监测和统计制度,实现成果信息化管理与共享
	2000—2003 年 2014—2016 年	耕地后备资源调查:对全国范围当前可开垦土地和可复垦采矿用地进行调查评价,查清耕地后备资源的数量、类型、分布等情况,做出科学的评价,分析开发利用潜力
	……	勘测定界、土地确权登记等
森林资源调查与监测	1973—1976 年 1977—1981 年 1984—1988 年 1989—1993 年 1994—1998 年 1999—2003 年 2004—2008 年 2009—2013 年 2014—2018 年	全国森林资源连续清查(简称一类清查):掌握宏观森林资源现状与动态,以固定样地为主进行定期复查。清查的主要对象是森林资源及其生态状况。主要内容如下:①土地利用与覆盖,包括土地类型(地类)、植被的类型及分布;②森林资源,包括森林、林木和林地的数量、质量、结构和分布,其中森林按起源、权属、龄组、林种、树种的面积和蓄积以及生长量和消耗量与其动态变化分类;③生态状况,包括林地自然环境状况、森林健康状况与生态功能、森林生态系统多样性现状及其变化情况
	森林资源规划设计调查(简称二类调查)间隔期一般为 10 年	森林资源规划设计调查:以森林经营管理单位或行政区域为调查总体,查清森林、林木和林地资源的种类、分布、数量和质量,客观反映调查区域森林经营管理状况,为编制森林经营方案、开展林业区划规划、指导森林经营管理等需要进行的调查活动
	森林作业设计调查(简称三类调查)	森林作业设计调查:林业基层单位为满足伐区设计、抚育采伐设计等的需要而进行的调查。对林木的蓄积量和材种出材量要做出准确的测定和计算。在调查过程中,对采伐木要挂号。根据调查对象面积的大小和林分的同质程度,可采用全林实测或标准地调查方法。调查结果要提出物质-货币估算表
	年度森林资源专项调查	林地变更调查:对自然年度内的全国林地利用状况、权属变化以及各类森林经营活动(如造林、采伐、更新等)、自然灾害损害(如火灾、泥石流等)、非森林经营活动(如建设项目使用林地、违法毁林开垦等)等用地情况进行调查的活动

续表 1-1

专项资源调查	时间	调查内容
草地资源调查与监测	20世纪80年代中期	第一次全国草场资源调查：掌握我国草原资源状况、生态状况和利用状况。调查指标包括草原总面积、草原类型及面积、草原质量分级及面积
	2017—2018年	草地资源清查：掌握我国草原资源状况、生态状况和利用状况。清查指标包括草原总面积、草原类型及面积、草原质量分级及面积
	2019年起	草原资源专项调查：在现有草原植被覆盖调查方法及收集草原资源和第三次全国土地调查成果的基础上，完善草原植被覆盖调查的技术流程，形成全国草原资源综合植被覆盖调查技术方案以及工作计划
全国水利普查	20世纪80年代初、20世纪初	2次水资源调查评价：全面摸清近年来我国水资源数量、质量、开发利用、水生态环境的变化情况
	2010—2012年	第一次全国水利普查：掌握河流湖泊基本情况（数量、分布、自然和水文特征等）；水利工程基本情况（数量、分布、工程特性和效益等）；经济社会用水情况（分流域人口、耕地、灌溉面积及城乡居民生活和各行业用水量、水费等）；河流湖泊治理和保护情况（治理达标状况、水源地和取水口监管、入河湖排污口及废污水排放量等）；水土保持情况（水土流失、治理情况及其动态变化等）；水利行业能力建设情况（各类水利机构的性质、从业人员、资产、财务和信息化状况等）。水利调查是20年一次的普查性工作，调查体系已经相对成熟完善，而监测体系相对而言还处在不全面、未覆盖，尚在建设完善的过程中
水资源调查与监测	2012年起	开展国家水资源监控能力建设项目，建立了国家水资源管理系统框架，初步形成了与最严格水资源管理制度相适应的水资源监控能力
	2017年4月起	启动第三次全国水资源调查评价，完成1956年至2016年期间，降水、蒸发、径流、水资源量、出入境水量、地下水量、地表水质量、水生态、污染物入河量等指标情况调查
湿地资源调查与监测	1995—2003年	全国湿地资源调查：初步掌握了单块面积在 $100hm^2$ 以上的湿地的基本情况
	2009—2012年	第二次全国湿地资源调查：我国首次按照国际公约要求对湿地生态系统进行了自然资源国情调查，形成了完善的湿地资源调查监测系列技术规范
	年度更新	湿地生态动态监测：应用多平台、多时相、多波段和多源数据对湿地生态资源与环境各要素时空变化进行动态监视与探测，它分指标类型按季节、季度进行监测或连续在线监测

续表 1-1

专项资源调查	时间	调查内容
海洋资源调查与监测	1958—1960 年	中国近海海域综合调查:第一次大规模的全国性海洋综合调查
	1980—1986 年	全国海岸带和海涂资源综合调查
	2004—2009 年	近海海洋综合调查与评价专项:了解我国近海海洋环境资源"家底",对海洋环境、资源及开发利用与管理等进行了综合评价,获取我国大陆海岸线长度和海岛数量等高精度实测数据,查明了我国海洋能等新兴海洋资源分布及开发潜力,系统地获得了准同步、全覆盖我国近海海洋环境的基础数据,全面摸清了我国近海空间资源的基本状况及利用前景
矿产资源调查与监测	1999—2010 年	矿产资源勘查:依靠地质科学理论,运用各种找矿方法发现并探明矿床中的矿体分布,矿产种类、质量、数量、开采利用条件、技术经济评价及应用前景等,满足国家建设或矿山企业需要的全部地质勘查工作
	2006 年以后	中国地质调查局航空物探遥感中心先后组织开展了全国重点矿区、全国陆域的矿山遥感监测工作,包括年度全国矿产资源开发状况、开发环境遥感监测等
全国地理国情普查	2013—2015 年	第一次全国地理国情普查:掌握自然地理要素的基本情况,如地形地貌、植被覆盖、水域、荒漠与裸露地等的类别、位置、范围、面积等;掌握其空间分布状况、人文地理要素的基本情况,包括与人类活动密切相关的交通网络、居民地与设施、地理单元等的类别、位置、范围等
	2016 年以后	年度更新:数据时点为每年 6 月 30 日

具体内容如下。

1. 国土调查与监测

自 1984 年 5 月开始,至 1996 年底,历时 12 年,我国完成了全国土地利用现状调查(土地详查),主要反映了我国 20 世纪 80 年代后期到 90 年代初期这一时期的土地资源数量、分布、利用状况及权属等情况。

1996 年,国家土地管理局决定在全国范围内开展土地变更调查,各地每年按国家统一部署,以上一年度土地变更调查图件和数据资料为基础,以县(市、区)为基本单位,以该年 10 月 31 日为同一时点开展变更调查。

2007 年,第二次全国土地调查工作正式启动,历时 2 年,最终形成以 2009 年 12 月 31 日为统一时点的调查成果,并于之后的每年进行土地变更调查。土地变更调查是指在全国土地调查的基础上,根据城乡土地利用现状及权属变化情况,随时进行城镇和村庄地籍变更调查及土地利用变更调查,并定期进行汇总统计。调查周期为 1 年。

2017 年 10 月,国务院正式启动第三次全国国土调查工作。全面细化和完善全国土地利用基础数据,掌握翔实、准确的全国国土利用现状和自然资源变化情况,进一步完善土地调查、监测和统计制度,实现成果信息化管理与共享,满足生态文明建设、空间规划编制、供给侧结构性改革、宏观调控、自然资源管理体制改革和统一确权登记、国土空间用途管制、国土空间生态修复、空间治理能力现代化和国土空间规划体系建设等各项工作的需要。

同时，国家开展多项土地专项调查。根据国土资源管理需要，在特定范围、特定时间内对特定对象进行专门调查，包括耕地后备资源调查、土地利用动态遥感监测和勘测定界等。

耕地后备资源调查是对全国范围当前可开垦土地和可复垦采矿用地进行调查评价，查清耕地后备资源的数量、类型、分布等情况，做出科学的评价，分析开发利用潜力。2000—2003年，国土资源部完成了全国31个省(自治区、直辖市)耕地后备资源调查评价。2014年部署开展了新一轮全国耕地后备资源调查评价工作，2016年底完成。

土地利用动态遥感监测是指应用遥感数据，定期或不定期地监测同一区域土地利用变化情况，包括变化前后地类、范围、位置及面积等。我国目前主要是对耕地和建设用地等土地利用变化情况进行及时、直接、客观的定期监测，检查土地利用总体规划及年度用地计划执行情况。重点是核查每年土地变更调查汇总数据，为国家宏观决策提供比较可靠的依据；对违法或涉嫌违法用地地区及其他特定目标等进行的日常快速监测，可为违法用地查处及突发事件处理提供依据。

2. 森林资源调查与监测

我国森林资源调查分为4类：全国森林资源连续清查、森林资源规划设计调查、森林作业设计调查以及年度森林资源专项调查。各类调查的目的、对象、范围、方法、内容及详细程度各不相同。

全国森林资源连续清查是以省为单位，以掌握宏观森林资源现状与动态为目的，以固定样地为主进行定期复查的森林资源调查方法，是全国森林资源与生态状况综合监测体系的重要组成部分。森林资源连续清查的主要对象是森林资源及其生态状况。

清查主要内容分为以下3个方面：①土地利用与覆盖，包括土地类型、植被类型的面积和分布；②森林资源，包括森林、林木和林地的数量、质量、结构和分布，其中森林按起源、权属、龄组、林种、树种的面积和蓄积以及生长量和消耗量与其动态变化分类；③生态状况，包括林地自然环境状况、森林健康状况与生态功能、森林生态系统多样性现状及其变化情况。

1973—1976年，完成全国第一次最大规模的森林资源清查工作。1977年建立全国森林资源连续清查体系，以省为单位，每5年复查1次。

第九次全国森林资源清查以县(市、区)为单位进行，自2014年开始，2018年结束。此次清查侧重于查清全国森林资源现状。

森林资源规划设计调查是以森林经营管理单位或行政区域为调查总体，查清森林、林木和林地资源的种类、分布、数量和质量，客观反映调查区域森林经营管理状况，为编制森林经营方案、开展林业区划规划、指导森林经营管理等需要进行的调查活动。该调查间隔期一般为10年，在间隔期内，各地可根据需要进行重新调查或补充调查。

森林作业设计调查是指林业基层单位为满足伐区设计、抚育采伐设计等的需要而进行的调查。对林木的蓄积量和材种出材量要做出准确的测定和计算。在调查过程中，对采伐木要挂号。根据调查对象面积的大小和林分的同质程度，可采用全林实测或标准地调查方法。调查结果要提出物质-货币估算表。

年度森林资源专项调查是指对自然年度内的全国林地利用状况、权属变化以及各类森林经营活动(如造林、采伐、更新等)、自然灾害损害(如火灾、泥石流等)、非森林经营活动(如建设项目使用林地、违法毁林开垦等)等用地情况进行调查的活动。

3. 草地资源调查与监测

草地资源清查目的是了解并掌握我国草原资源状况、生态状况和利用状况等本底资料，提高草原精细化管理水平。其中资源类清查指标包括草原总面积、草原类型及面积、草原质量分级及面积。

20 世纪 80 年代中期我国开展了第一次全国草场资源调查；2005 年完成首次全国草原监测，并于之后每个年度进行监测并发布全国草原监测报告。2017 年 3 月至 2018 年底，启动草地资源清查，2019 年起启动草原资源专项调查，形成全国草原资源综合植被覆盖调查技术方案以及工作计划。

4. 湿地资源调查与监测

全国湿地资源调查是对面积 $8hm^2$（含 $8hm^2$）以上的近海与海岸湿地、湖泊湿地、沼泽湿地、人工湿地以及宽度 10m 以上、长度 5km 以上的河流湿地，开展湿地类型、面积、分布、植被和保护状况调查，对国际重要湿地、国家重要湿地、自然保护区、自然保护小区和湿地公园内的湿地以及其他特有、分布有濒危物种和红树林等具有特殊保护价值的湿地开展重点调查，主要包括生物多样性、生态状况、利用和受威胁状况等。

1995—2003 年，我国完成了首次全国湿地资源调查，初步掌握了单块面积在 $100hm^2$ 以上的湿地的基本情况。

2009—2012 年，国家林业局组织完成了第二次全国湿地资源调查，并形成了完善的湿地资源调查监测系列技术规范。

湿地生态动态监测，应用多平台、多时相、多波段和多源数据对湿地生态资源与环境各要素时空变化进行动态的监视与探测，是湿地生态系统对自然变化及人类活动所做出反应的观测以及评价，是湿地生态系统结构和功能的时空格局变化度量。它分指标类型按季节、季度进行监测或连续在线监测。国际重要湿地监测指标可分为湿地生态特征监测指标和影响湿地生态特征的监测指标。

国家林业和草原局按照《关于特别是作为水禽栖息地的国际重要湿地公约》（简称《湿地公约》）要求，2006 年已对我国所有国际重要湿地全面开展监测活动。

5. 水资源调查与监测

水资源调查监测评价旨在全面摸清近年来我国水资源数量、质量、开发利用及水生态环境的变化情况。

我国在 20 世纪 80 年代初、21 世纪初开展了两次全国范围内的水资源调查评价工作。2017 年 4 月启动第三次全国水资源调查评价，完成对 1956 年至 2016 年期间，降水、蒸发、径流、水资源量、出入境水量、地下水量、地表水质量、水生态、污染物入河量等指标情况的调查评价。水资源监测则通过标准化建设的水资源水量实时自动监测站网或人工监测设备，实测获取流域或区域范围内河流、渠道、湖泊、水库、取水点（包括地表水和地下水）、退（排）水点的降水量、水位、流量、蓄水量、流速等水雨情信息。未布设监测站的，宜采用水文调查方法获取水资源水量信息。

水利部自 2012 年起，依托水文局（现水利部信息中心）开展国家水资源监控能力建设项目，建立了国家水资源管理系统框架，初步形成了与实行最严格水资源管理制度相适应的水资源监控能力。可见，当前在水利部门，监测是基于水文站网监测设备实时获取水雨情实测数据的常态化工作，而调查是20年一度的普查性工作。调查体系已经相对成熟、完善，而监测体系相对而言还处在不全面、未覆盖，尚在建设完善的过程中。

6. 海洋资源调查与监测

海洋调查是对特定海域的部分海洋要素及相关海洋要素进行的观测，并在此基础上对其分布特征及演化规律做出初步评价的过程。海洋资源能源调查包括海洋矿产资源调查、海洋生物资源调查、海洋可再生能源调查及海水资源调查。

1958年9月至1960年12月开展了中国近海海域综合调查，这是我国第一次大规模的全国性海洋综合调查。1980—1986年开展了全国海岸带和海涂资源综合调查。2004—2009年开展实施了我国近海海洋综合调查与评价专项，基本摸清了我国近海海洋环境资源"家底"，对海洋环境、资源及开发利用与管理等进行了综合评价，获取了我国大陆海岸线长度和海岛数量等高精度实测数据，查明了我国海洋能等新兴海洋资源分布及开发潜力，系统地获得了准同步、全覆盖我国近海海洋环境的基础数据，全面摸清了我国近海空间资源的基本状况及利用前景。

海洋监测是在设计好的时间和空间内，使用统一、可比的采样和监测手段，获取海洋环境质量要素和陆源性入海物质资料，包括海洋污染监测以及海洋水文气象要素、生物要素、化学要素和地质要素等海洋环境要素监测。海洋监测基于岸基、船基、海底、浮标、潜标、卫星、航空等监测平台构建的立体监测系统，主要获取海洋环境信息。

海洋观测是对特定海域的部分海洋要素进行测量（测定、分析）和定性描述（鉴定），并将结果汇总成数据文档（报表）的过程。

海洋资源监测包括生物、矿产、旅游、港口交通、动力能源、盐业和化学等海洋资源的监测与调查。

2014年12月，国家海洋局规划建设全国海洋观测网。

7. 矿产资源调查与监测

矿产资源调查是对矿产资源的成因、物性、分布、规模、质量、演化规律、开发利用条件、经济价值及其在国民经济、社会公益事业中的地位和作用等方面进行的全方位分析、评估和预测。

1998年国土资源部成立后，组织开展了新一轮国土资源大调查（地质大调查）。自1999年8月开始，至2010年结束，主要对土地、矿产、海洋资源等自然资源开展基础性、公益性、战略性综合调查评价工作，包含"一项计划，五项工程"之一即为矿产资源调查评价工程。

矿产资源勘查是指依靠地质科学理论，运用各种找矿方法发现并探明矿床中的矿体分布、矿产种类、质量、数量、开采利用条件、技术经济评价及应用前景等，满足国家建设或矿山企业需要的全部地质勘查工作。

矿产资源储量动态监测是通过矿山地质测量技术方法，适时、准确掌握区域内矿山企业年度开采、损失、保有储量数据，了解矿产资源储量变化情况及原因，促进矿山矿产资源储量的有效保护和合理利用。

全国矿山遥感监测则利用高分辨率遥感技术的"天眼"优势，开展矿山地质灾害、矿山开发占损土地情况、矿山环境污染、矿山环境恢复治理等监测，快速为全国各级国土资源管理部门明确矿山开发、矿山地质环境等现状及变化情况，及时履职尽责提供技术支撑。

2006年以后,中国地质调查局航空物探遥感中心先后组织开展了全国重点矿区、全国陆域的矿山遥感监测工作,包括年度全国矿产资源开发状况、开发环境遥感监测等。

二、面临形势

1. 适应生态文明建设和自然资源管理需要

长期以来,我国自然资源调查监测存在概念不统一、内容有交叉、指标相矛盾等问题,成果难以满足推进国家治理体系和治理能力现代化的迫切要求。

《深化党和国家机构改革方案》明确将土地、矿产、海洋、森林、草原、湿地、水资源调查职责整合到新组建的自然资源部。党的十九届四中全会明确提出"加快建立自然资源统一调查、评价、监测制度"。自然资源统一调查不是对现有各类调查监测的简单延续和物理拼接,而是要适应生态文明建设和自然资源管理的需要,按照科学、简明、可操作要求,进行改革创新和系统重构。

而构建统一的自然资源调查监测体系,是对原有各项调查的系统重构,主要包含以下3个方面。

(1)坚持目标导向。以服务生态文明建设和支撑自然资源管理为目标,从科学性和系统性入手,遵循自然资源演替规律和生态系统内在机理,对地表、地上和地下的各类自然资源科学组织,分层分类进行管理。在地表覆盖的基础上,叠加各类管理信息,形成真实反映自然资源利用状况的准确数据,满足自然资源管理的需要。

(2)强化问题导向。首先针对存在的自然资源调查监测数出多门的问题,对各项调查监测进行统一规划和顶层设计;其次是解决自然资源统一调查和专业管理的关系,如海岸带、滨海湿地和沿海滩涂,在不同部门管理中采用不同名称,实际范围上存在交叉,就需要统一开展调查;再次是解决自然资源在同一区位重叠的问题,设置了自然资源立体时空模型来进行描述和表达;最后是解决统一的顶层标准问题,确保自然资源调查在顶层掌控、不重不漏。

(3)突出结果导向。注重调查制度、方法与技术手段的综合运用,集成现代遥感、测绘等高技术手段,突出调查成果的信息化表达和综合展示,保证成果真实、准确、可靠。在工作组织上,按照"总—分—总"方式组织实施,即总体组织上要坚持统一的总体设计和规划等"六个统一",对各级、各专业的调查监测工作,分工实施,最后成果要总归口,进行统一汇交和集成,形成完整的调查监测结果。

2. 技术融合

近年来,大数据、人工智能、5G、区块链、知识图谱、空间信息等高新技术的迅猛发展和交叉融合,为构建自然资源调查监测体系提供了必要的技术支撑和保障条件。

(1)数据获取方面。一是航天卫星遥感可实现大范围、高分辨率影像数据的定期覆盖,形成了大规模、高频次、业务化卫星影像获取能力和数据保障体系,能支持周期性的调查监测;二是各种无人机航空遥感平台可以支撑局域的精细调查与动态监测;三是基于"互联网"和手持终端的巡查工具,能实现地面场景的快速取证、样点监测。综合利用这些先进的观测与量测技术,构建"天-空-地-网"一体化的技术体系,可以大幅度提升调查效率,达到足不出户就可以实时监测地物变化的目的。

(2)信息提取方面。大数据、人工智能、北斗定位等技术的快速发展与融合应用,使基于影像的地表覆盖及变化信息高精度自动化提取成为可能;基于多源数据的定量遥感反演技术,为提取森林蓄积量等相关自然资源参数提供了先进手段。

(3)存储管理与分析应用方面。地理空间分析、区块链、知识图谱等技术的交叉融合，不仅可以解决资源-资产-资本信息的时空建模和一体化管理等难题，克服调查监测过程中的信息汇聚与协同处理等困难，还可以用于支撑自然资源生命共同体的分析评价，揭示自然资源“格局-过程-服务”的地域分异、形成机理及演化规律，实现从调查监测成果数据到知识服务的跨越。

目前，各项技术虽正在自然资源调查监测评价中应用并发挥重要作用，但“核心要素信息的自动化提取”仍是自然资源调查监测的主要技术瓶颈问题。今后，我们仍急需通过各项先进技术的融合与创新，解决制约调查监测的“卡脖子”技术问题，设计面向自然资源“两统一”管理的调查监测技术体系。

3. 信息化保障

推进自然资源调查监测成果的共享与应用，支撑自然资源管理、政府部门应用、社会公众需求是信息化建设的重要目标。今后，将从以下 4 个方面加强信息化支撑体系建设：

一是建设互联互通、安全高效的自然资源“一张网”，实现包括涉密内网、业务网、互联网和应急通信网在内的网络联通，保障自然资源部门内部各单位横向、各级自然资源管理部门纵向，以及与其他政府部门、社会公众间数据持续、稳定地汇聚、分发、交换与传输，为自然资源调查监测成果共享与应用提供分类的网络通路。

二是建立自然资源三维立体“一张图”，真实地反映自然地理格局和自然资源现实状况。在自然资源调查监测成果的基础上，按照自然资源分层分类模型，以数字高程模型数据为基底，融合基础调查、专项调查和各种监测信息，集成叠加自然地理格局、自然条件以及国土空间规划、自然资源管理等相关数据，形成包括地下资源层、地表基质层、地表覆盖层、业务管理层在内的自然资源三维立体“一张图”，并通过各种自然资源调查监测建立起“一张图”的动态更新机制，保障自然资源部系统、其他政府部门、社会公众对调查监测成果的需求。

三是建立统一的国土空间基础信息平台，形成对自然资源“一张图”的分布式综合管理、应用支撑和共享服务机制。在部门内应用方面，通过各业务系统的互联互通和统一数据服务，支撑国土空间规划、生态保护与修复、自然资源资产管理、耕地保护、自然资源开发利用、地质矿产、海域海岛等日常管理工作；在部门间共享应用方面，通过接口服务、数据交换、主动推送等方式，实现与其他政府部门业务协同，努力解决“数据孤岛”和重复建设问题。在社会化服务方面，将建立自然资源调查监测成果发布机制，利用互联网(电子政务外网)为社会公众提供调查监测成果数据服务。鼓励科研机构、企事业单位利用调查监测成果开发研制多形式、多品种的数据产品，满足社会公众的广泛需求。

四是利用包括调查监测成果在内的“一张图”，通过国土空间基础信息平台构建自然资源调查评价、政务服务、监管决策三大应用体系。在自然资源调查评价应用体系中，建立充分应用现代对地观测、人工智能、物联网等技术的调查监测系统，推进二维调查走向三维调查，提升调查监测的准确性、时效性；在政务服务应用体系中，建立基于调查监测成果底图的政务事项在线一体化智能审批(审查)系统，提升审查的科学性、准确性，提高审查效率；在监管决策应用体系中，以调查监测成果为基础，利用大数据的技术，形成“用数据监管、用数据决策”的管理模式。自然资源部网络安全和信息化领导小组及其办公室相关负责人表示：“为充分发挥自然资源调查监测成果最大的作用和效益，我们将依托国土空间基础信息平台对‘一张图’进行统一管理，提供统一服务，形成‘一张底版、一套数据、一个平台’。”

第二章　自然资源调查

第一节　技术要求

一、自然资源要素分类

依据《自然资源调查监测体系构建总体方案》及《2021 年自然资源监测工作方案》中明确的自然资源调查监测内容，加强常规监测、专题监测、应急监测等工作任务的融合协同。在继承现有国土资源调查、监测、地理国情普查等工作技术和力量的基础上，与各专项调查监测工作相衔接，以“三调”及其年度变更调查成果为基础，融合地理国情普查、森林资源连续清查、草地资源清查、湿地资源调查、海洋资源调查等专项调查，按照《国土空间调查、规划、用途管制用地用海分类指南(试行)》，统一分类标准和方法。

用地用海分类采用三级分类体系共设置 24 种一级类、106 种二级类及 39 种三级类，详见附录 1。

二、调查精度

1. 遥感影像精度

自然资源调查采用分辨率优于 1m 的遥感影像资料；居住用地、公共管理与公共服务用地、商业服务业用地、工矿用地、公共设施用地等建筑较集中或情况复杂区域，可根据实际情况适当提高遥感影像分辨率，采用优于 0.2m 分辨率的航空遥感影像资料。

2. 最小上图图斑面积

综合分析各专项自然资源调查精度，结合自然资源调查监测指标，总结分析各自然资源分类调查监测精度标准，确定自然资源调查监测图斑最小上图图斑面积如下：

(1)耕地资源实地面积 $400m^2$。

(2)园地、林地、草地、绿地与开敞空间用地实地面积 $400m^2$。

(3)湿地、陆地水域、其他海域实地面积 $400m^2$。

(4)渔业用海、工矿通信用海、交通运输用海、游憩用海、特殊用海实地面积 $200m^2$。

(5)居住用地、商业服务业用地、公共管理与公共服务用地、仓储用地、公用设施用地、农业设施建设用地、工矿用地等实地面积 $200m^2$。

(6)交通运输用地实地面积 $200m^2$。

(7)其他地类实地面积 $600m^2$，荒漠地区可适当降低精度，但不应低于 $1500m^2$。

(8)对于有更高管理需求的地区，可适当提高调查精度。

三、数学基础

综合分析各专项自然资源调查数学基础，结合地方及国家需求，制定自然资源调查监测数学基础。

1. 坐标系统

采用2000国家大地坐标系。

2. 高程基准

采用1985国家高程基准。

3. 投影方式

采用高斯-克吕格投影。

1∶2000、1∶5000、1∶10 000比例尺标准分幅图或数据按3度分带。

4. 分幅及编号

各比例尺标准分幅及编号应符合《国家基本比例尺地形图分幅和编号》(GB/T 13989—2012)的规定。标准分幅采用国际1∶1 000 000地图分幅标准，各比例尺标准分幅图均按规定的经差和纬差划分，采用经度、纬度分幅。标准分幅图编号均以1∶1 000 000地形图编号为基础采用行列编号方法。

四、基本调查单位

县级行政辖区。

五、工作步骤

(1)准备工作，包括方案制定、人员培训、资料准备、仪器工具设备准备等。

(2)调查界线及控制面积确定。

(3)遥感影像数据选择及制作。

(4)内业信息提取。

(5)权属调查。

(6)自然资源调查。

(7)数据库建设。

(8)统计汇总。

(9)成果整理与分析，包括调查资料整理、图件编制、成果分析、报告编写等。

(10)成果检查，包括自检、预检和核查等。

(11)成果归档。

六、计量单位

长度单位采用m；面积计算单位采用m^2；面积统计汇总单位采用hm^2和亩。

第二节　准备工作

一、方案制定

以县级行政区域为单位，根据本地区实际情况，编制本地区自然资源调查实施方案。方案内容包括调查区概况、目标任务、技术路线与工作流程、调查准备工作、内业数据处理、外业实地调查、内业整理建库、成果质量控制、调查主要成果、计划进度安排、组织实施等。

二、人员培训

在开展自然资源调查前，对参加调查的人员进行培训，明确调查任务和主要内容、统一地类标准和成果要求、规范作业程序和调查方法、确定调查原则和工作纪律，保证调查工作进度，确保调查成果质量。

三、资料准备

1. 基础调查资料

(1)界线资料。该资料包括国界线、零米等深线、行政区域界线等资料。

(2)遥感资料。该资料包括近期航空、航天遥感图件和数据等资料。

(3)基础地理信息资料。收集整理地形图、DEM、地名等基础地理资料。

2. 权属调查资料

该资料包括以下4项。

(1)农村集体土地所有权确权登记成果；

(2)城镇国有建设用地以外的国有土地使用权登记成果；

(3)《土地权属界线协议书》《土地权属界线争议原由书》等调查成果；

(4)其他相关权属资料。

3. 自然资源图斑地类调查资料

该资料包括土地调查数据库、已有土地利用图、调查手簿、田坎系数测算原始资料、林地调查数据库、湿地调查数据、水利普查数据、草地清查数据、地理国情普查数据、海洋资源调查数据、矿产资源调查数据、地表基质层调查数据等地类调查相关图件、表格、文本和数据库等。

4. 土地管理相关资料

该资料包括永久基本农田、土地利用规划、建设用地审批、土地整治、土地执法、林地保护利用规划、生态保护红线、生态公益林、湿地保护和其他自然保护区、临时用地、城市规划、城市开发边界、开发园区、重要项目用地、公园审批、规划文件等图件、数据和文字报告资料。

四、仪器、工具和设备准备

准备内容包括GNSS定位测量设备、皮尺、计算机、平板电脑、移动通信设备、手持激光测距仪、全站仪、软件系统以及交通工具等。

第三节　调查界线及控制面积确定

一、调查界线构成

调查界线以国界线、零米等深线(即经修改的低潮线)和各级行政区界线为基础组成。调查界线仅用于面积统计汇总,与之不相符的权属界线予以保留。

二、调查界线来源

(1)国界采用国家确定的界线。

(2)香港和澳门特别行政区界、台湾省界采用国家确定的界线。

(3)零米等深线,采用国家确定的界线。

(4)海岸线即陆海分界线以大潮平均高潮线为准。

(5)县级及县级以上行政区域界线采用全国陆地行政区域勘界成果确定的界线。乡镇级行政区域界线采用各县(市、区)最新确定的界线。

(6)各级调查界线应继承最新年度土地变更调查界线,如有变化,则依据相关资料调整。

三、调查界线调整

(1)国界线依据主管部门最新勘界资料调整。

(2)零米等深线(含海岛),依据主管部门最新海洋基础测绘成果调整。

(3)省、市(地)、县级调查界线,依据各级民政部门行政区划调整相关文件调整。

(4)乡(镇)级调查界线,依据县(市、区)人民政府相关文件调整。

四、控制面积确定

(1)依据调查确定的坐标系、比例尺和调查控制界线,制作标准分幅控制界线图,以图幅理论面积为控制,计算图幅内各区域控制面积(破幅面积)。

(2)依据标准分幅控制界线图制作调查区域“图幅理论面积与控制面积接合图表”,计算本调查区域的控制面积。

调查区域控制面积为本调查区域内所有整幅和破幅图幅面积之和。整幅图幅理论面积可计算,也可从相应坐标系和比例尺对应的图幅理论面积表中查取。椭球面积计算方式及图幅理论面积详见《第三次全国国土调查技术规程》(TD/T 1055—2019)中附录 D。

第四节　遥感影像数据选择

一、遥感影像数据选取要求

(1)光学数据单景云雪量一般不应超过 10%(特殊情况不应超过 20%),且云雪不能覆盖重点调查区域。

(2)成像侧视角一般小于 15°,最大不应超过 25°,山区不超过 20°。

(3)调查区域内不出现明显噪声和缺行。

(4)灰度范围总体呈正态分布,无灰度值突变现象。

(5)相邻景影像间的重叠范围不应少于整景的2%。

二、遥感影像数据源精度

1. 航空影像比例尺

数码相机航空摄影时,遥感影像比例尺与数码相机像素地面分辨率的对应关系见表2-1。

表2-1　不同比例尺遥感影像与数码相机像素地面分辨率对应关系

单位:m

DOM比例尺	数码相机像素地面分辨率
1∶500	优于0.05
1∶1000	优于0.1
1∶2000	优于0.2
1∶5000	优于0.4
1∶10 000	优于0.8

2. 航天影像比例尺

采用航天遥感数据制作遥感影像比例尺与原始数据空间分辨率的对应关系见表2-2。

表2-2　不同比例尺遥感影像与航天遥感数据空间分辨率对应关系

单位:m

DOM比例尺	数据空间分辨率
1∶2000	≤0.5
1∶5000	≤1
1∶10 000	≤2.5

三、遥感影像精度指标

1. 平面位置精度

按照《国家基本比例尺地图测绘基本技术规定》(GB 35650—2017),遥感影像中地物点相对于实地同名点的点位中误差,不应大于表2-3的规定。特殊地区可放宽0.5倍。规定2倍中误差为其限差。

表2-3　遥感影像平面位置精度

单位:m

DOM比例尺	平地、丘陵地	山地、高山地
1∶500	0.30	0.40
1∶1000	0.60	0.80

续表 2-3

DOM 比例尺	平地、丘陵地	山地、高山地
1∶2000	1.20	1.60
1∶5000	2.50	3.75
1∶10 000	5.00	7.50

2. 镶嵌误差

(1)利用航空影像制作遥感影像时,影像之间镶嵌限差见表 2-4。

表 2-4　影像镶嵌限差

单位:m

DOM 比例尺	平地、丘陵地	山地、高山地
1∶500	0.1	0.15
1∶1000	0.2	0.30
1∶2000	0.4	0.60
1∶5000	1.0	1.50
1∶10 000	2.0	3.00

(2)利用卫星影像制作遥感影像时,景与景之间的镶嵌限差见表 2-5。

(3)利用不同分辨率影像(包括航空影像和卫星影像)制作遥感影像时,二者之间的接边限差见表 2-5。

表 2-5　景与景镶嵌限差

单位:m

DOM 比例尺	平地、丘陵地	山地、高山地
1∶2000	1.0	1.6
1∶5000	2.5	4.0
1∶10 000	5.0	8.0

第五节　遥感影像制作

一、航空遥感影像制作

1. 制作标准

依据国家航空摄影测量及正射影像图制作相关标准,制作航空遥感影像。

影像质量要求:影像清晰,反差适中,色彩及色调均匀,影像无模糊、错位、扭曲、拉花等现象,保证影像数据的连续、无缝和视觉一致性,影像的灰度直方图尽可能布满 0～255 个灰阶,并基本接近正态分布。

2. 技术要求

航空遥感影像的制作除了采用全数字摄影测量系统作业，还可以使用单片微分纠正方法，具体包括以下几项。

（1）必须经过合理有效的影像镶嵌来消除不同航片上由于建筑物及高大树木的投影差而带来的视觉效果矛盾（影像叠置和地物丢失的现象）。

（2）采用逐片纠正方式，优先选取相片中心投影差小的影像进行拼接。

（3）空中三角测量数据导入后要检查点位的正确性。

（4）镶嵌线尽量沿自然地物划出，如道路、河流、湖泊边线、山脊、山谷、树缝、田埂等影像变换处，避免穿越房屋、地块、高于地面地物等。

（5）镶嵌后要保证地物的完整性和相对关系的正确性。

二、航天遥感影像制作

1. 平面控制

平面控制点采用 GNSS 接收机等仪器实测，或从分辨率、比例尺优于预校正遥感影像的已有遥感影像、地形图上采集。

2. 高程控制

采用近期相应比例尺 DEM 为高程控制。DEM 应满足《基础地理信息数字成果 1∶5000、1∶10 000、1∶25 000、1∶50 000、1∶100 000 数字高程模型》（CH/T 9009.2—2010）中有关规定。不同比例尺遥感影像与 DEM 比例尺对应关系见表 2-6。

表 2-6　遥感影像与 DEM 比例尺对应关系

DOM 比例尺	DEM 比例尺
1∶2000	1∶10 000
1∶5000	1∶10 000
1∶10 000	1∶10 000 或 1∶50 000

3. 遥感影像处理要求

（1）根据数据获取情况，以单景遥感影像、条带遥感影像或区域遥感影像为单元，采用物理模型或有理函数模型进行几何纠正。重采样方法采用双线性内插法或三次卷积法，重采样像元大小根据原始影像分辨率，按 0.5m 倍数就近采样。

（2）纹理清晰、色调均匀，无重影和模糊等现象，地物层次丰富、边界明显。融合或多光谱遥感影像模拟自然真彩色，真实反映当时地物光谱特征。

（3）重叠区遥感影像纹理应一致。当影像时相相同或接近时，要求整体光谱特征一致；时相差距较大的遥感影像，允许存在光谱差异，但镶嵌或接边处应过渡自然，同一地块光谱特征一致。

（4）遥感影像纠正质量。遥感影像应无大面积噪声和条带，制作时尽量避免使用扭曲变形的影像。当影像扭曲变形影响耕地、园地、林地、草地等地类和房屋、道路等人造地表判读和采集时，需对该部分影像重新进行处理消除变形；因地形变化引起的高速路等地物扭曲，需采用立体像对重新生成DEM、修正变形区域等技术手段改正。

(5)遥感影像镶嵌质量。影像接边处应色彩过渡自然，地物合理接边，人工地物完整，无重影和发虚现象。

(6)遥感影像增强质量。增强后影像应地物细节清晰，反差适中，层次分明，色彩基本平衡，影像直方图应基本接近正态分布，避免出现建筑物、道路等地物曝光过度现象；镶嵌线两侧和相邻影像色调应基本一致。

(7)镶嵌接边。在满足影像接边差要求的情况下，接边线应尽量避开明显地物。

三、遥感影像制作单元

以县级行政辖区为制作单元制作遥感影像，外扩不少于50个像素、沿最小外接矩形裁切。根据县级行政辖区内遥感影像间镶嵌和接边情况，通过镶嵌线、接边线及外围县级行政界线组成若干矢量闭合面，并在每个闭合面内记录所使用影像的基本属性信息，以此制作遥感影像信息文件。

第六节　内业信息提取

一、信息提取内容

在最新遥感影像的基础上，按照《国土空间调查、规划、用途管制用地用海分类指南(试行)》，依据遥感影像特征内业逐地块判读自然资源类型，提取自然资源图斑。

二、解译标志建立

根据区域自然地理、地形地貌特征、植被类型、土地利用结构、分布规律与耕作方式等情况，并且在全面了解遥感影像时相、分辨率、波段组合、影像质量以及地物光谱特征的基础上，进行野外踏勘。依据自然资源分类标准，通过综合分析，建立调查区典型地类解译标志。

各类解译标志通常可分为直接标志和间接标志。直接解译标志是指在遥感图像上能直接见到的形状、大小、色调、阴影、花纹等影像特征。间接标志是指通过与之相联系的内在因素表现出来的特征，推理判断其属性，标志与目标间不直接对应。

在自然资源调查工作中通常采用的是直接解译标志。根据已知野外踏勘资料，以遥感影像为依据，以自然资源调查监测工作分类在遥感图像上的颜色、形态、纹理图案为要素，建立自然资源调查监测工作分类的遥感解译标志，然后将遥感解译标志配合深度卷积神经网络，通过训练数据自动学习特征进行工作分类，从而得到比较合适的精度。利用深度学习得到的参数信息对调查区按照解译标志进行智能遥感解译。

1. 野外踏勘

在全面了解遥感影像时相、分辨率、波段组合、影像质量及作业区域、人文、地理和土地利用概况的基础上，对工作区进行野外踏勘。了解示范区地形地貌、气候变化、工农业生产、物产供给、自然资源分布、矿产分布等情况，为项目工作部署提供依据。同时对各专项调查成果质量及各种资料进行核查，确定新体系下资料可供利用程度，以便进一步建立解译标志。

2. 建立遥感影像解译标志

依据自然资源分类标准，根据不同的地物光谱特征及地域情况，对自然资源调查监测区域进行土地利用结构和分布特征分析，通过综合分析，并根据遥感影像资料建立地类影像解译标志，尽可能详尽、准确，为室内判读提供依据。

3. 实地验证

对初步解译结果及所有的不确定及疑问点进行野外实地验证。工作量应根据调查目标地物在基础图像上的可解译程度、地质环境条件的复杂程度、前人研究程度、交通和自然地理条件等因素综合考虑确定。

对于位于县城、集镇、重要建筑工程、交通线及其他重要场所附近的自然资源，尽可能全部进行野外验证。

4. 解译标志补充及更正

依据实地验证结果，修正解译标志，舍弃错误或特征不明显的解译标志，为下一步自然资源调查监测提供翔实、精准的依据。

5. 建立深度学习采样

通过训练数据自动学习特征，将遥感解译标志配合深度卷积神经网络，进行工作分类得到比较合适的精度，利用深度学习得到的参数信息，按照解译标志对县级行政辖区进行智能遥感解译。

三、信息提取范围

以县级行政辖区为单位，全区域比对提取。

四、信息提取方法

1. 人机交互方式进行信息提取

通过逐地块分析自然资源调查工作中遥感影像纹理、色调、区位、附着物和周边环境，按照各类自然资源分类标准判读图斑地类，依据影像特征提取自然资源图斑。

2. 自动提取方式进行信息提取

综合利用图像的影像特征（即波谱特征，包括色调和色彩）和空间特征（形状、大小、阴影、纹理、图形、位置和布局），与多种非遥感信息资料组合，运用其相关规律，进行由此及彼、由表及里、去伪存真的综合分析和逻辑推理，从而进行各类自然资源图斑的自动提取。

五、变化信息表达

1. 图斑编号

以县级行政辖区为单位，按照从左到右、自上而下的顺序，从“1”开始编号，每个图斑的编号均具有唯一性。

2. 图斑属性表

建立与遥感影像数学基础相一致的自然资源图斑矢量数据层及属性表，全面记录提取自然资源图斑的相关属性。

六、调查底图制作

以县级行政辖区为单位，在遥感影像上套合内业信息提取的自然资源图斑及县(区)行政界线，以工程文件形式制作标准化调查底图。

第七节　权属调查

一、调查内容

将集体土地所有权确权登记和国有土地使用权登记成果落实在自然资源调查成果中，结合相关资料，对权属发生变化的地块开展补充调查。

二、调查方法

(1)依据农村集体土地所有权确权登记成果和其他相关登记成果，以及合法有效的土地权属调查成果，将集体土地所有权和城镇国有建设用地范围外的国有土地使用权界线落实在自然资源调查成果中。

(2)在权属界线上图过程中，因成图精度等客观因素，部分权属界线与遥感影像产生位移的，根据协议书等描述转至相应位置。

(3)土地权属状况或界址发生变化的，按照《地籍调查规程》(TD/T 1001—2012)等相关技术要求开展补充调查后上图。

第八节　自然资源调查

一、调查内容

以调查底图为基础，实地调查每块自然资源图斑的地类、位置、范围、面积等利用状况。

二、自然资源图斑调查

1. 自然资源图斑认定

依据《国土空间调查、规划、用途管制用地用海分类指南(试行)》中制定的工作分类末级地类，按照图斑的实地利用现状认定图斑地类。

2. 自然资源图斑划分及表示

(1)单一地类的地块，以及被行政区或土地权属界线分割的单一地类地块为自然资源图斑。

(2)图斑编号统一以县级行政辖区为单位，按从左到右、自上而下的顺序，从“1”开始编号。

(3)按《国土空间调查、规划、用途管制用地用海分类指南(试行)》中工作分类末级地类划分自然资源图斑。

(4)调查界线、土地权属界线分割的地块形成自然资源图斑。

(5)当各种界线重合时，依调查界线、土地权属界线的高低顺序，只表示高一级界线。

(6)沿海地类图斑的陆地侧地类界线应与海岸线一致。

3. 自然资源图斑调查方法

(1)依据调查底图,实地逐图斑调查图斑地类,调绘图斑边界,修正内业提取的图斑界线。当有更高精度航空影像时,也可根据其影像特征调绘图斑边界。调绘图斑的明显界线与遥感影像上同名地物移位不应大于图上 0.3mm,不明显界线不应大于图上 1.0mm。

(2)对遥感影像未能反映的新增地物应进行补测,有条件地区采用仪器补测法使用高精度测量设备进行补测,不具备条件的地区也可采用简易补测法。补测的地物点相对邻近明显地物点距离中误差,平地、丘陵地不应大于 2.5m,山地不应大于 3.75m,最大误差不超过 2 倍中误差。

(3)填写"调查记录表",记录自然资源调查图斑的地类、权属状况及其他属性信息。

三、调查接边

(1)省级和地市级自然资源主管部门负责组织其辖区范围内相关地市级和县级行政辖区调查单位的接边工作,自然资源部负责组织各省开展调查接边工作。

(2)依据遥感影像辅助实地调查,对不同行政区界线两侧公路、铁路和河流等重要地物进行接边,确保重要地物的贯通性;对影像特征明显的地物界线进行接边,保证同名地物的一致性;对地类、权属等属性信息进行接边,保证水库、河流、湖泊、铁路、公路等重要地物调查信息的一致性。

(3)当行政界线两侧明显地物接边误差小于图上 0.6mm、不明显地物接边误差小于图上 2.0mm 时,双方各改一半接边;否则双方应实地核实接边。

四、田坎调查

1. 总体要求

田坎调查采用系数扣除方法进行调查。采用更高调查精度的区域,田坎也可按图斑调查,但应保证省级调查精度标准统一。"三调"测算的田坎系数,如无特殊变化可继续使用,也可由省级自然资源主管部门负责统一组织重新测算本省的田坎系数,测算方案及结果上报备案。

2. 田坎系数测算

(1)耕地坡度分级。耕地分 5 个坡度级(上含下不含)。坡度小于或等于 2°的视为平地,其他分为梯田和坡地两类。耕地坡度分级及代码见表 2-7。

表 2-7 耕地坡度分级及代码

坡度分级	≤2°	>2°~6°	>6°~15°	>15°~25°	>25°
坡度级代码	1	2	3	4	5

(2)自然资源调查数据库建成后,依据 DEM 生成坡度图,套合耕地图斑,生成耕地坡度图,计算不同坡度级的耕地面积。

(3)耕地田坎系数测算。①坡度大于 2°时,测算耕地田坎系数。②按耕地分布、地形地貌相似性等特征,对完整省(区、市)辖区分区。区内按不同坡度级和坡地、梯田类型分组,选择样方、测算系数。样方应均匀分布,每组数量不少于 30 个,单个样方不小于 0.4hm^2。③实测样方中的田坎面积，计算样方田坎系数，即田坎面积占扣除其他线状地物后样方面积的比例，数值用百分比(%)表示。④当同组样方田坎系数相对集中、最大值不超过最小值的30%时，取其算术平均数，作为该组田坎系数。

五、外业验证

1. 外业验证要求

(1)用带卫星定位和方向传感器的设备，利用“互联网＋”举证软件，对需举证的图斑拍照举证，形成包含实地卫星定位坐标、方位角、拍摄时间、实地照片及举证说明等综合信息的加密验证数据包，上传至统一平台。

(2)对于需要验证的线性地物(同一条道路或沟渠等)，可选择其中1～2个典型图斑进行实地验证，其他图斑备注说明。

(3)可以提供符合时点要求的更高分辨率遥感影像用于辅助验证。

(4)人类难以到达区域的图斑、因新冠肺炎疫情无法进入区域的图斑或被冰雪覆盖区域的图斑，可不进行外业验证。无人类生活、活动的区域，影像可以判断地类的，可不进行外业验证。

(5)涉及军事禁区及国家安全要害部门所在地，不得进行拍照。

(6)同一区域范围内，影像纹理特征一致的图斑，采用只验证典型图斑的验证方式。

(7)对于因纠正精度或图斑综合等原因造成的偏移、不够上图面积或狭长的地物图斑，可不进行验证。

(8)可利用“POI”数据对城市及周边需要外业验证图斑进行前期室内筛查，验证图斑判读正确性，适当减少外业工作量。

(9)外业验证图斑，填写“外业验证信息表”。

2. 外业验证照片拍摄要求

(1)外业验证照片应实地拍摄，拍摄方向正确。

(2)外业验证照片应从3个以上方向拍摄。

(3)同一站立点同一方向拍摄的照片不得超过2张。

(4)外业验证照片包括图斑全景照片、局部近景照片、建(构)筑物内部利用特征照片3类。

六、面积计算

1. 图斑面积及图斑地类面积

(1)图斑面积与图斑地类面积一致，按田坎系数扣除的耕地图斑面积除外。

(2)图斑面积按椭球面积计算公式及要求计算。椭球面积计算方式详见《第三次全国国土调查技术规程》(TD/T 1055—2019)中附录D。

(3)按田坎系数扣除的耕地图斑地类面积为耕地图斑面积减去按系数扣除的田坎面积。

2. 田坎面积

(1)实测的田坎面积计算方法与图斑面积计算方法一致。

(2)按系数扣除的田坎面积，等于耕地图斑面积与田坎系数的乘积。

第九节　数据库建设

构建自然资源立体时空数据模型，以自然资源调查监测成果数据为核心内容，以基础地理信息为框架，以数字高程模型、数字表面模型为基底，以高分辨率遥感影像为覆盖背景，利用三维可视化技术，将基础调查获得的共性信息层与专项调查的特性信息层进行空间叠加，形成地表覆盖层。叠加各类审批规划等管理界线，以及相关的经济社会、人文地理等信息，形成管理层。建成自然资源三维立体时空数据库，直观反映自然资源的空间分布及变化特征，实现对各类自然资源进行综合管理。

采用“专业化处理、专题化汇集、集成式共享”的模式，按照数据整合标准和规范要求，组织对历史数据进行标准化整合，集成建库，形成统一空间基础和数据格式的各类自然资源调查监测历史数据库。同时，每年的动态遥感监测结果也要及时纳入数据库，实现对各类调查成果的动态更新。

第十节　统计汇总

一、面积统计

按照自然资源调查监测统计指标，开展自然资源基础统计，分类、分项统计自然资源调查监测数据，形成基本的自然资源现状和变化成果，并在面积统计的基础上，开展相关的分析工作。基本要求如下。

（1）以县级行政辖区为单位，统计调查界线范围内的土地（含飞入地）。

（2）自然资源调查各地类面积之和等于辖区调查控制面积。

（3）由小数位取舍造成的误差应强制调平。

二、数据汇总

（1）在县级行政辖区统计的基础上，逐级开展市（地）级、省级和全国汇总。

（2）无县级归属的海岛参与省级汇总，无省级归属的海岛参与国家汇总。

第三章　自然资源监测

自然资源监测是对自然资源调查成果的更新，总体原则、技术要求、影像数据选择与制作标准与自然资源调查相同。

第一节　调查界线调整

调查界线包括国界、零米线、省级行政区域界线、县级行政区域界线、乡（镇）级行政区域界线。自然资源调查形成的各级控制界线、控制面积和各地类面积，作为本年度自然资源监测的基础。各级调查界线（包括名称、代码、界线位置变化）如果发生变化需要调整，应依据相关主管部门的批准文件，采用分级负责的方式进行。

一、界线资料收集

收集国界线、大陆沿海（包括海岛沿海）零米线、行政区域界线、权属界线的调整资料。

二、国界、省级行政区域界线调整

（1）国界、省级行政区域界线原则上不得变动。

（2）国界依据主管部门最新勘界资料调整，省级行政区域界线依据民政部最新省级行政区划调整相关文件调整。

（3）省级行政区域界线应依据国家下发省级控制界线和控制面积对本省范围内的县级界线和面积进行控制。

三、零米等深线（含海岛）更新

（1）零米等深线（含海岛）一般不得改动。

（2）零米等深线（含海岛），依据主管部门最新海洋基础测绘成果调整。

（3）对因新修建人工岸（港口、码头）、围填海造地等造成实地变化需要更新的，应依据最新的遥感影像，以标准分幅为单位确定变化部分，形成更新后的零米线标准分幅图幅矢量数据（线层、面层数据），上报国家审核。

（4）零米线更新成果应以省为单位单独上报，提交的材料包括：①零米线更新情况的省级报告（包括零米线变更说明，并附相关批准文件）；②零米线更新所涉及的标准分幅图幅矢量数据（线层、面层数据）；③相应标准分幅影像数据。

（5）国家确认并重新下发省级控制界线和控制面积。

（6）省级依据国家下发控制界线和控制面积，调整省内涉及的县级控制界线和控制面积，并按照县级行政区域界线调整程序上报。

四、县级行政区域界线调整

省级自然资源主管部门负责省内县级调查控制界线和控制面积调整，并按照县级行政区域界线调整程序上报，审核通过后方能调整。

(1)县级行政区域界线调整，应依据省级及以上政府或主管部门行政区划调整的相关批准文件进行。

(2)调整内容。县级的行政区域界线、控制面积和自然资源调查数据库。

(3)调整要求：①涉及调整的县调整前后控制面积之和应一致；②调整过程中自然资源图斑地类属性不能发生变化；③各自然资源调查地类面积之和应与县级调整后控制面积相等。

(4)上报。涉及县级及以上界线调整的，应以省为单位，上报县级行政区域界线调整的相关材料。提交的材料包括：①县级行政区域界线调整的省级报告(包括行政区域界线调整说明，并附省级及以上政府或主管部门批准文件)；②调整前后全省分县控制面积对比表(包括调整前控制面积、调整后控制面积及调整面积差值)；③涉及调整县区调整后的控制界线(shp格式)。

五、乡(镇)级行政区域界线调整

乡(镇)级行政区域界线调整，应依据主管部门行政区域界线调整的批准文件在自然资源监测工作中直接调整。

六、界线调整方法

所有涉及各级行政区域界线调整的，应提取由于界线变化产生的变化信息，纳入本年度县级行政辖区自然资源监测更新数据包中上报。

第二节　权属更新

一、更新内容

更新内容包括集体土地所有权和国有土地使用权的权属性质、权属界线和权属单位名称。

二、更新方法

(1)县级调查单位根据日常不动产确权登记工作掌握的权属变化情况开展自然资源监测权属状况更新。

(2)在权属界线更新过程中，因精度等原因，部分权属界线与遥感影像产生位移的，应根据权属界线协议书的描述进行更新。

(3)对每一块发生权属变化的图斑，应在权属性质字段赋权属属性代码，其中“10”代表国家土地所有权，“20”代表国有土地使用权，“21”代表国有无居民海岛使用权，“30”代表集体土地所有权，“31”代表村民小组农民集体土地所有权，“32”代表村农民集体土地所有权，“33”代表乡农民集体土地所有权，“34”代表其他农民集体土地所有权，“40”代表集体土地使用权，

"41"代表集体无居民海岛使用权。

三、单位名称

军用土地的权属单位名称应统一填写"部队代号＋部队"，无法确定代号或没有代号的，权属单位名称填写"部队"，不得填写其他涉军信息。

第三节　变化信息提取

一、信息提取内容

在最新遥感影像的基础上，通过遥感影像与自然资源调查数据库比对，内业判读提取本年度变化图斑。

二、解译标志建立

根据区域自然地理、地形地貌特征、植被类型及土地利用结构、分布规律与耕作方式等情况，建立调查区典型地类解译标志。具体建立标准可参考自然资源调查中解译标志的建立。

三、信息提取范围

以县级行政辖区为单位，全区域比对提取。

四、信息提取方法

1. 人机交互方式提取

将当年最新遥感影像与自然资源调查数据库套合比对，按监测类型提取影像特征与数据库地类不一致的变化图斑，并对成果按监测类型分层管理。

2. 自动提取

通过计算机遥感解译技术自动提取自然资源分布信息，并结合多时相的监测，快速提取并初步评估影像中自然资源的变化信息。

自动提取的主要流程为：对不同时相的多期遥感影像数据进行预处理，包括辐射校正、几何校正和影像配准等；然后根据不同时相影像数据的光谱特征差异自动监测出变化范围；接着以变化范围为基础结合样本库，对变化范围进行地类判断。

五、变化信息表达

1. 图斑编号

以县级行政辖区为单位，对每类变化图斑按照从左到右、自上而下的顺序，从"1"开始编号，每个图斑的编号均具有唯一性。

2. 图斑属性表

建立与遥感影像数学基础相一致的自然资源监测图斑矢量数据层及属性表，全面记录提取图斑的相关属性。

第四节　自然资源监测

实地调查自然资源监测工作中变化图斑的地类、位置、范围、面积、属性等状况。

一、底图制作

将自然资源监测成果、自然资源部综合监管平台中的用地管理信息、县级补充提取的变化信息以及自然资源日常管理信息的矢量数据套合在遥感影像图上，制作自然资源监测外业调查工作底图，开展外业实地调查工作。

二、外业调查

（1）对工作底图上的所有图斑开展外业实地调查核实，主要包括地类调查、属性变化调查核实以及单独图层变化调查核实等内容。

（2）调绘的各类界线与遥感影像上同名地物间应满足以下条件：明显界线位移不得大于图上 0.3mm；不明显界线位移不大于图上 1.0mm。

（3）补测地物点精度要求。补测地物点相对邻近明显地物点距离中误差，平地、丘陵地不得大于图上 0.5mm，山地不得大于图上 1.0mm，最大误差不超过 2 倍中误差。

三、地类调查及属性更新

地类调查及属性更新是指按自然资源监测实地现状调查地类和界线，对属性信息及界线发生变化的图斑进行更新，主要包括以下几项。

（1）实地调查确定发生变化的图斑地类和范围。

（2）对地类或范围未发生变化但属性发生变化的图斑地类进行更新。

四、外业验证

（1）对卫星影像判读地类与更新图斑地类不一致的变化图斑，应拍照举证。耕地的梯田、坡地类型属性发生变化的，必须实地拍照举证。

（2）对于农用地图斑更新为未利用地的图斑，水田更新为水浇地或旱地的图斑，水浇地更新为旱地的图斑，必须实地拍照举证。

（3）更高分辨率遥感影像判读地类与更新图斑地类一致的，可以使用符合时点要求的更高分辨率遥感影像代替实地拍照举证。

第五节　数据库更新

一、更新内容

（1）空间数据更新。更新内容包括土地利用要素、境界与行政区要素、其他土地要素以及自然保护区类要素等相关空间要素的更新。

（2）属性数据更新。该更新包括由空间范围更新带来的属性数据更新以及其他属性更新。

(3)县级数据库内容、结构参照自然资源三维立体时空数据库相关技术规定执行。

二、更新方法

以自然资源调查数据库为基础，依据自然资源监测内外业调查成果，将发生变化的信息逐块录入并更新自然资源调查数据库，同时提取变化图斑要素，生成更新数据包。

三、数据采集要求

数据采集要素内容及分层，应按照自然资源三维立体时空数据库相关技术规定执行。

(1)自然资源监测工作底图与数据库套合，明显的同一界线移位不得大于图上0.6mm，不明显界线不得大于图上1.5mm。

(2)数据应分层采集，与更新前数据库分层保持一致，并保持各层要素叠加后应协调一致。

(3)数据变更时，应避免产生狭长面、尖锐角和碎小图斑。

(4)交通、水利等线状地物采集需保持地物的连通性。

(5)公共边，只需矢量化一次，其他层可用拷贝方法生成，保证各层数据的完整性。

(6)数据采集、编辑完成后，应使线条光滑、严格相接，不得有多余悬线。所有数据层内应建立拓扑关系，相关数据层间应建立层间拓扑关系。

(7)图斑接边。行政区域内的调查界线、权属界线两侧，图幅之间地物应进行接边。当明显地物接边误差小于图上0.6mm、不明显地物接边误差小于图上2.0mm时，双方各改一半接边；否则双方应到实地核实接边。

四、数据库更新要求

数据采集要素内容及分层，应按照自然资源三维立体时空数据库相关技术规定执行。

(1)自然资源监测所用的基础数据库应与国家确认的自然资源调查数据库保持完全一致。

(2)通过数据库变更生成的更新数据包结构应符合数据更新有关技术规定。

(3)数据库变更过程中，涉及发生变更图斑，应保证变更前图斑总面积与变更后图斑总面积一致；未涉及变更图斑面积不得改变。

(4)自然资源监测数据库所有地类面积之和，应等于相应行政辖区、权属单位控制面积，同时等于自然资源调查数据库相应空间范围的地类汇总总面积。

(5)数据库更新所生成各项统计汇总表，应保证"图数一致"、符合汇总逻辑要求，同一数据在不同表格中应一致。

五、更新成果

更新成果包括以县级行政辖区为单位更新后的自然资源监测数据库，以及以县级行政辖区为单位的年度更新数据包。

第六节　统计汇总

统计汇总按以下规定执行：

(1)按行政调查区域统计。

(2)县级行政辖区未发生变化的年初面积应与自然资源调查数据库中面积保持完全一致。县级行政辖区发生变化的年初面积之和应与省级上报的调整后的县级控制面积一致。

(3)各地类面积之和等于行政调查区控制面积。

(4)按权属性质统计,面积之和等于行政调查区控制面积。

(5)县级国土变更调查统计表应由县级数据库生成。

(6)更新后数据库统计结果、增量更新统计结果与逐级上报的统计表应保持一致。

(7)各级上报的统计报表表内、表间逻辑关系正确。

(8)县级以下的数据统计汇总,可根据实际情况由省统一开展。

第四章　常用卫星影像数据及预处理流程

第一节　常用卫星影像数据

现代空间信息技术的发展,特别是遥感技术和地理信息系统技术的发展,为自然资源的宏观调查和监测提供了新的技术手段和方法。遥感技术由于具有监测范围广、信息更新速度快、周期短、获取的信息量大,以及节省人力、物力和减少人为因素干扰等特点,在自然资源调查与监测中的重要性也越来越明显。卫星遥感数据已经广泛地应用于自然资源的调查与监测中。常用卫星数据侧重及技术指标参数分析见表 4-1。

一、无人机航飞影像数据

无人机是低空无人飞行器的简称,是一种可控性强、动力能耗低、可携带设备种类多、可回收反复利用的无人驾驶航飞器。因其自身优势众多,在军事侦察、灾难救援、电子对抗、新闻报道、物流运输等众多领域均有应用。自无人机被应用到测绘领域后,遥感系统在高分辨率影像的采集方面获得了很大的进步,无人机航测遥感系统弥补了在地图量测方面传统遥感平台高分辨率影像的不足,实现了大比例尺地图测绘的功能。

无人机遥感系统相较于卫星遥感系统的优点如下:

(1)灵活的反应能力。无人机具备反应速度快、运动灵活的特点,在执行任务时可以不受地面交通情况的限制快速到达指定任务区,并且相较于传统航空摄影,无人机的起飞条件低,不需要专业的起飞航道,起飞路径选择多样化,最后通过伞降或滑行等方式回收。

(2)成本低廉。无人机在成本耗费上低于传统遥感平台,体型小、质量小,飞行过程中对燃料的耗费低;操控系统简捷易学,培训消耗的人力、物力都相对低廉;无人机不需要专业起飞航道,并且维护费用少。总体成本较低。

(3)操作流程简单。无人机操作系统智能化,在事先设定好航飞线路后,飞行过程中只需要对它进行校正调整,便可达到目标测量的精度,即使出现任何故障,无人机均可自动返航准备维修,飞行过程中的人为干涉工作量少,智能化明显,操作流程简单。

(4)高分辨率遥感影像数据获取能力。无人机遥感系统对高分辨率数据的获取能力是其他遥感平台无法比拟的。由于无人机搭载的传感器大部分都是高精度的数码成像设备,具备了大面积覆盖、垂直成像或者倾斜成像的能力,适用于大比例尺地图的测绘工作。

无人机航飞影像如图 4-1 所示。

表 4-1　常用卫星数据侧重及技术指标参数分析

卫星	轨道类型	空间分辨率	幅宽	重访周期	覆盖周期	侧摆能力
高分一号	太阳同步回归轨道	全色:2m	60km	4d	41d	±25°
		多光谱:8m				
2m/8m 光学	—	全色:2m	60km(2 台相机组合)	4d	41d	—
		多光谱:8m				
高分二号	太阳同步回归轨道	全色:1m	45km(2 台相机组合)	5d	69d	±35°, 机动 35°的时间≤180s
		多光谱: 4m				
北京二号	太阳同步轨道(SSO)	全色:0.8m	24 km	1d	—	±45°
		多光谱:3.2m				
资源一号 02C	太阳同步回归轨道	P/MS 相机全色:5m	60km	3d	55d	±32°
		P/MS 相机多光谱:10m				
		HR 相机全色:2.36m	54km(2 台相机组合)			±25°
资源一号 02D	太阳同步回归轨道	近红外相机全色:2.5m	115km	3d	55d	±26°
		近红外相机多光谱:10m				
		高光谱相机 30m	60km			
资源三号 01	太阳同步回归轨道	全色:2.1m	全色:50km	5d	—	—
		多光谱:5.8m	多光谱:52km			
资源三号 02	太阳同步回归轨道	全色:2.1m	全色:50km	5d	—	—
		多光谱:5.8m	多光谱:52km			
资源三号 03	太阳同步回归轨道	全色:2.1m	全色:50km	5d	—	—
		多光谱:5.8m	多光谱:52km			

续表 4-1

卫星	轨道类型	空间分辨率	幅宽	重访周期	覆盖周期	侧摆能力
高分四号	地球同步轨道	可见光近红外:50m	400km	20s	—	—
		中波红外:400m				
高分五号	—	可见短波红外高光谱相机:30m	60km	—	—	—
		全谱段光谱成像仪:20m	60km	—	—	—
		全谱段光谱成像仪:40m				
高分六号	—	全色:2m	90km	—	—	—
		多光谱:8m				
高分七号	太阳同步轨道	全色:0.8m	20km	—	60d	—
		多光谱:3.2m				
高分多模	太阳同步圆轨道	全色:0.5m	15km	2d	29d	—
		多光谱:2m				
天绘一号	—	全色:2m	60km	—	58d	—
		多光谱:10m				
高景一号	太阳同步轨道	全色:0.5m	12km	1d	—	—
		多光谱:2m				
珠海一号 OVS-1	圆轨道	1.98m	8.1km×6.1km	—	—	±30°
珠海一号 OVS-2	太阳同步轨道	0.9m	22.5km	—	—	俯仰滚转均优于±45°/80s
珠海一号 OHS 高光谱	太阳同步轨道	10m	150km	—	—	俯仰滚转均优于±45°/80s

图 4-1　围场满族蒙古族自治县无人机航飞影像
（时相：2018 年 10 月；分辨率：0.2m）

二、高分一号卫星遥感影像

高分一号卫星（GF-1）于 2013 年 4 月 26 日成功发射，牵头主用户为自然资源部，其他用户包括农业农村部、生态环境部等。卫星搭载了两台 2m 分辨率全色/8m 分辨率多光谱相机，4 台 16m 分辨率多光谱相机。

高分一号卫星突破了高空间分辨率、多光谱与高时间分辨率结合的光学遥感技术，多载荷图像拼接融合技术，高精度高稳定度姿态控制技术，单星上同时实现高分辨率与大幅宽的结合，2m 高分辨率实现大于 60km 成像幅宽，16m 分辨率实现大于 800km 成像幅宽，适应多种空间分辨率、多种光谱分辨率、多源遥感数据综合需求，满足不同应用要求；实现无地面控制点 50m 图像定位精度，满足用户精细化应用需求；在小卫星上实现 2×450Mbp 数据传输能力，满足大数据量应用需求；具备高的姿态指向精度和稳定度，姿态稳定度优于 5e-4°/s，并具有 35°侧摆成像能力，满足在轨遥感的灵活应用；在国内民用小卫星上首次具备中继测控能力，可实现境外时段的测控与管理。

高分一号卫星遥感影像如图 4-2 所示。

图 4-2　丰宁满族自治县高分一号卫星遥感影像
（时相：2020 年 9 月；分辨率：2m）

2m/8m 光学卫星（GF-1 B、C、D）星座于 2018 年 3 月 31 日成功发射，牵头主用户为自然资源部，其他用户包括应急管理部、生态环境部、住房和城乡建设部、交通运输部、农业农村部、国家林业和草原局等。

该星座由性能相同、状态一致的3颗业务卫星组成，卫星设计寿命为6a，空间分辨率为全色2m、多光谱优于8m，单星成像幅宽大于60km。3颗卫星组网后，具备15d全球覆盖、2d重访的能力，与高分一号进行协同观测，可以实现11d全球覆盖、1d重访。2m/8m光学卫星是国家第一个民用高分辨星座，代表目前我国民用遥感卫星星座发展的较高水平，可大幅度提高自然资源部山、水、林、田、湖、草等自然资源全要素、全覆盖、全天候的实时调查监测能力。

2m/8m光学卫星遥感影像如图4-3～图4-5所示。

图4-3　青龙满族自治县高分一号B卫星遥感影像

（时相：2020年4月；分辨率：2m）

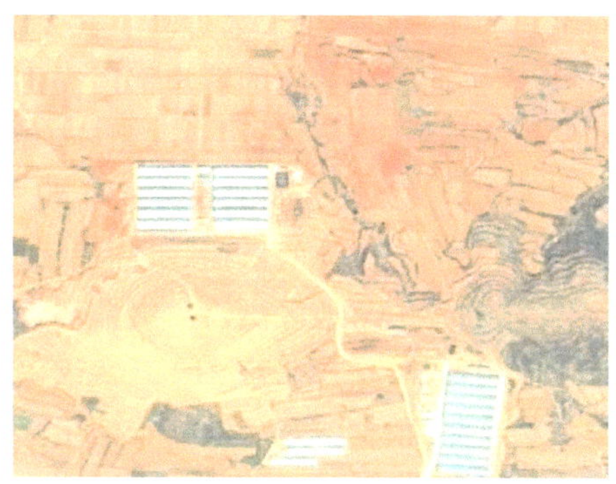

图4-4　易县高分一号C卫星遥感影像

（时相：2020年4月；分辨率：2m）

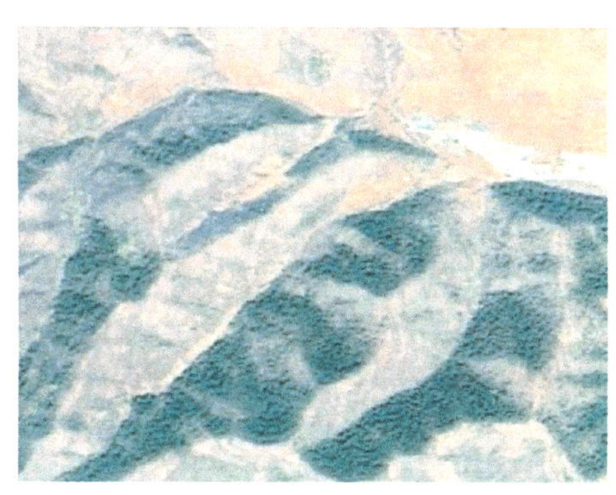
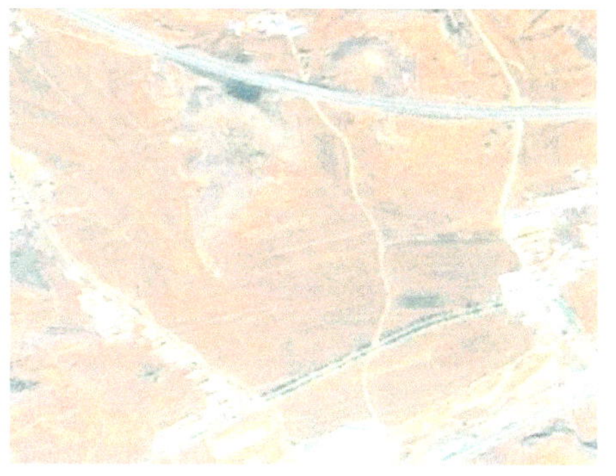

图4-5　承德县高分一号D卫星遥感影像

（时相：2020年4月；分辨率：2m）

三、高分二号卫星遥感影像

高分二号卫星(GF-2)于2014年8月19日在太原卫星发射中心由长征四号乙运载火箭成功发射,是我国自主研制的首颗空间分辨率优于1m的民用光学遥感卫星。高分二号卫星遥感影像的主要用户为自然资源部、住房和城乡建设部、交通运输部、国家林业和草原局等。卫星搭载有两台高分辨率1m全色、4m多光谱相机,可实现拼幅成像。

高分二号卫星遥感影像作为我国首颗分辨率达到亚米级的宽幅民用遥感卫星,在设计上具有诸多创新特点,突破了亚米级、大幅宽成像技术;宽覆盖、高重访率轨道优化设计可使卫星在侧摆±23°的情况下,实现全球任意地区重访周期不大于5d,在卫星侧摆±35°的情况下,重访周期还将进一步缩短;高稳定度快速姿态侧摆机动控制技术在轨实现了150s之内侧摆机动35°并稳定;卫星无控制点定位精度达到20～35m,还具有智能化的星上自主管理能力。高分二号卫星遥感影像星下点空间分辨率可达0.8m,标志着我国遥感卫星进入了亚米级“高分时代”。

在高分二号卫星设计之初,其最突出的目的是解决并实现遥感影像的高精度定位、相机姿态的快速并稳定的机动侧摆、数个轻小型长焦距相机的设计、低轨道卫星高可靠性长寿命的设计和大幅宽亚米级高分辨率成像等技术,从而飞速提高我国国产卫星高分辨率遥感对地观测的能效。高分二号卫星打破了一直以来国外对高分辨率对地观测技术的垄断,结束了长期依赖进口的不利局面,同时,也大大提高了社会经济效益和我国对高分辨率卫星的利用水平,并且,它还将为有关区域和其他的客户部门提供示范应用服务支撑。

由国家国防科技工业局组织并联系其他的相关部门一并实施的高分专项工程,已经取得了令人较为满意的成果。自从高分专项工程实施以来,高分遥感数据已经被地区防震监测、地震灾区监控、农业生产统计的监测、水环境污染指数和大气环境环保监测、国家土地利用程度调查与检测、水利设施与地区洪涝灾害监测、矿物资源监测和农业作物长势与产量估计监测等部门与行业应用,同时也在北京、上海、武汉等大城市发展中的精细化管理,在一些中小城乡管理和开发现状监测、粮食与经济农作物的生长及产量监测等领域发挥了重大的作用。

高分二号卫星遥感影像如图4-6所示。

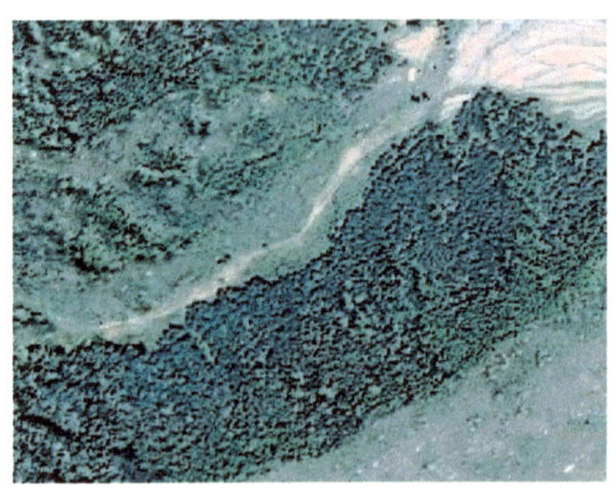

图4-6 平山县高分二号影像

(时相:2020年6月;分辨率:1m)

四、北京二号卫星遥感影像

北京二号卫星于北京时间 2015 年 7 月 11 日 0 时 28 分发射，由 3 颗高分辨率卫星组成，该星座系统设计寿命 7a。该卫星可为全球提供空间和时间分辨率俱佳的遥感卫星数据产品与空间信息产品。

北京二号卫星遥感影像如图 4-7 所示。

图 4-7　滦平县北京二号影像

（时相：2020 年 6 月；分辨率：1m）

五、资源一号 02C 卫星遥感影像

资源一号 02C 卫星（ZY1-02C）于 2011 年 12 月 22 日成功发射。该星搭载有全色多光谱相机和全色高分辨率相机，主要任务是获取全色和多光谱图像数据，可广泛应用于自然资源调查与监测、防灾减灾、农林水利、生态环境、国家重大工程等领域。

该卫星具有两个显著特点：一是配置的 10m 分辨率 P/MS 多光谱相机是当时我国民用遥感卫星中最高分辨率的多光谱相机；二是配置的两台 2.36m 分辨率 HR 相机，使数据的幅宽达到 54km，从而使数据覆盖能力大幅提高，使重访周期大大缩短。

资源一号 02C 卫星遥感影像如图 4-8 所示。

图 4-8　围场满族蒙古族自治县资源一号 02C 影像

（时相：2020 年 6 月；分辨率：2m）

六、资源一号 02D 卫星遥感影像

资源一号 02D 卫星(5m 光学卫星)于 2019 年 9 月 12 日成功发射，由自然资源部主持建造，属于空基规划的中等分辨率遥感业务卫星。卫星在太阳同步轨道上工作，回归周期为 55d，设计寿命为 5a。卫星配置可见近红外相机和高光谱相机，发射质量 1840kg，采用三轴稳定对地定向的控制模式。

资源一号 02D 卫星是资源一号 02C 卫星的接续星，主推光谱分辨率，定位于中等分辨率、大幅宽观测和定量化遥感任务，可提供丰富的地物光谱信息。卫星上的有效载荷重点针对短波红外谱段进行了谱段细分，光谱遥感特性突出，可实现地物的精细化光谱信息调查，满足新时期自然资源监测与调查需求。

资源一号 02D 卫星的成功发射运行将进一步拓展我国自然资源调查监测技术手段，可大幅度提高山水林田湖草等自然资源定量化调查监测能力，支撑及时掌控自然资源数量、质量、生态状况及变化趋势。卫星光谱分辨率越高，在生态环境监测、土壤质量评估、地质矿物填图、地表水和冰川监测等方面发挥的作用越重要，是推动自然资源事业高质量发展的重要科技支撑，并可广泛应用于应急管理、生态环境、住房和城乡建设、交通运输、农业农村、林业草原等相关领域。

七、资源三号卫星遥感影像

资源三号 01 星(ZY3-01)是我国首颗民用高分辨率光学传输型立体测图卫星，于 2012 年 1 月 9 日成功发射，集测绘和资源调查功能于一体，牵头主用户为自然资源部，其他用户包括应急管理部、生态环境部、住房和城乡建设部、交通运输部、水利部、农业农村部等。卫星采用三线阵测绘方式，由具有一定交会角的前视、正视和后视相机通过对同一地面点不同视角的观测，形成立体影像，同时配以精确的内外方位元素参数，准确获取影像的三维地面坐标，用以生产 1∶5 万测绘产品，以及开展 1∶2.5 万及更大比例尺地形图的修测与更新。卫星通过多光谱数据的获取，并配以正视高分辨率数据，可用于地物要素判读、自然资源调查和监测以及其他相关应用。

资源三号 01 星测绘的总体精度指标优于法国 SPOT5、日本 ALOS 等国外同类产品。该卫星在稀少控制点的条件下，影像平面精度优于 3m，高程精度优于 2m，全面超过了 1∶5 万立体测图卫星设计指标，并可用于 1∶2.5 万测图及部分 1∶1 万地理要素的更新。在无控制点的条件下，影像平面精度优于 10m，高程精度优于 5m；卫星影像的直接定位精度从 1000 多米提高到 10m 以内。多光谱卫星影像配准精度达到 0.15 个像元，总体影像质量优于国外同类卫星。

资源三号 02 星(ZY3-02)是资源三号 01 星的后续业务卫星，于 2016 年 5 月 30 日成功发射，资源三号 02 星是一颗高分辨率立体测图业务卫星，它在资源三号 01 星的基础之上进行优化，搭载三线阵测绘相机和多光谱相机等有效载荷，前后视相机分辨率由 3.5m 提高到优于 2.5m，并搭载了一套试验性激光测高载荷，该星较 01 星拥有更优异的影像融合能力、更高的图像高程测量精度。资源三号 02 星投入使用后，与资源三号 01 星组网运行，可使同一地点的重访周期由 5d 缩短至 3d 之内，大幅提高我国 1∶5 万立体测图信息源的获取能力。

资源三号 03 星(ZY3-03)是资源三号系列卫星的第三颗，于 2020 年 7 月 25 日成功发射，

具备多角度立体观测和激光高程控制点测量能力。激光测高仪单点测高精度优于1m，点间隔约3.6km。设计寿命由资源三号02星的5a延长至8a，与目前在轨的资源三号01星、02星共同组成我国立体测绘卫星星座，重访周期从3d缩短到1d，保证我国高分辨率立体测绘数据的长期稳定获取，形成全球领先的业务化立体观测能力，显著提升了我国自然资源立体调查能力，为国民经济建设和社会发展提供基础性数据保障。

资源三号卫星遥感影像如图4-9所示。

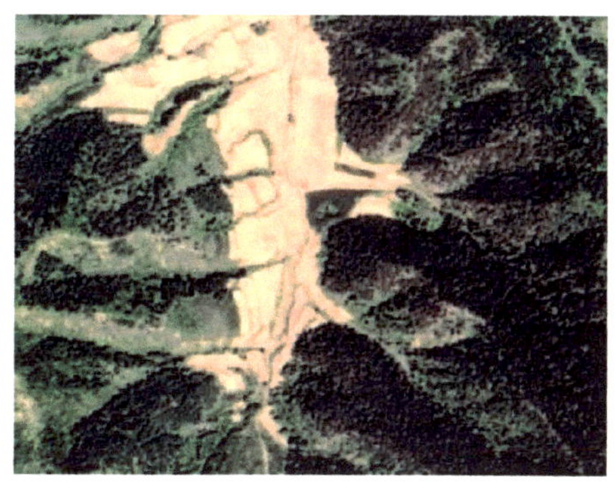

图4-9　隆化县资源三号影像

（时相：2020年5月；分辨率：2m）

八、高分四号卫星遥感影像

高分四号卫星（GF-4）于2015年12月29日在西昌卫星发射中心成功发射，是我国第一颗地球同步轨道遥感卫星，搭载了一台可见光50m/中波红外400m分辨率、大于400km幅宽的凝视相机，采用面阵凝视方式成像，具备可见光、多光谱和红外成像能力，设计寿命8a，通过指向控制，实现对中国及周边地区的观测。高分四号卫星可为我国减灾、林业、地震、气象等应用提供快速、可靠、稳定的光学遥感数据，为灾害风险预警预报、林火灾害监测、地震构造信息提取、气象天气监测等业务补充了全新的技术手段，开辟了我国地球同步轨道高分辨率对地观测的新领域。同时，高分四号卫星在环保、海洋、农业、水利等行业以及区域应用方面，也具有巨大潜力和广阔发展空间。高分四号卫星主用户为民政部、国家林业和草原局、中国地震局、中国气象局。

九、高分五号卫星遥感影像

高分五号卫星（GF-5）于2018年5月9日在太原卫星发射中心成功发射，是世界上第一颗同时对陆地和大气进行综合观测的卫星，自然资源部为其主用户。

该星首次搭载了大气痕量气体差分吸收光谱仪、大气主要温室气体探测仪、大气多角度偏振探测仪、大气环境红外甚高分辨率探测仪、可见短波红外高光谱相机、全谱段光谱成像仪共6台载荷，可对大气气溶胶、二氧化硫、二氧化氮、二氧化碳、甲烷、水华、水质、核电厂温排水、陆地植被、秸秆焚烧、城市热岛等多个环境要素进行监测。

高分五号卫星所搭载的可见短波红外高光谱相机是国际上首台同时兼顾宽覆盖和宽谱段的高光谱相机，在60km幅宽和30m空间分辨率下，可以获取从可见光至短波红外（400～2500nm）光谱颜色范围里，330个光谱颜色通道，其可见光谱段光谱分辨率为5nm，可对内陆水体、陆表生态环境、蚀变矿物、岩矿类别进行有效探测，为环境监测、资源勘查、防灾减灾等行业提供高质量、高可靠的高光谱数据。

十、高分六号卫星遥感影像

高分六号卫星(GF-6)于2018年6月2日在酒泉卫星发射中心成功发射,主要应用于精准农业观测、林业资源调查等行业,自然资源部为其主用户。该星实现了8谱段CMOS探测器的国产化研制,国内首次增加了能够有效反映作物特有光谱特性的"红边"波段,大幅提高了农业、林业、草原等资源监测能力。

高分六号卫星配置了2m全色/8m多光谱高分辨率相机(观测幅宽90km)、16m多光谱中分辨率宽幅相机(观测幅宽800km)。高分六号卫星与高分一号卫星组网运行后,将使遥感数据获取的时间分辨率从4d缩短到2d,将为农业农村发展、生态文明建设等重大需求提供遥感数据支撑。

高分六号卫星遥感影像如图4-10所示。

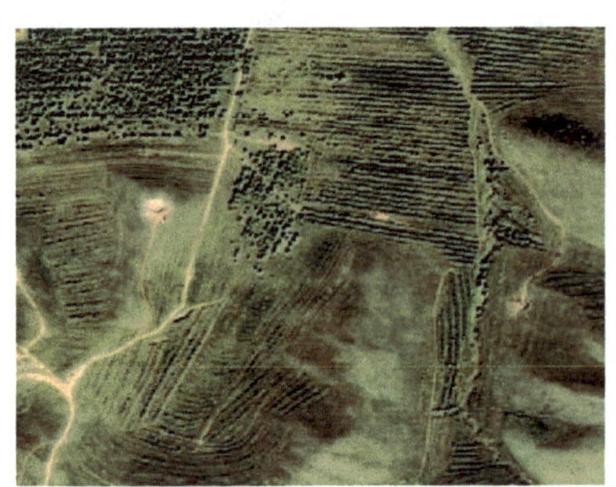

图4-10　张北县高分六号影像

(时相:2020年9月;分辨率:2m)

十一、高分七号卫星遥感影像

高分七号卫星(GF-7)于2019年11月3日在太原卫星发射中心成功发射,牵头主用户为自然资源部,其他用户包括住房和城乡建设部、国家统计局等。

高分七号卫星运行于太阳同步轨道,设计寿命8a,搭载的两线阵立体相机可有效获取20km幅宽、优于0.8m分辨率的全色立体影像和3.2m分辨率的多光谱影像。搭载的两波束激光测高仪以3Hz的观测频率进行对地观测,地面足印直径小于30m,并以高于1GHz的采样频率获取全波形数据。卫星通过立体相机和激光测高仪复合测绘的模式,实现1∶10 000比例尺立体测图,服务于自然资源调查监测、基础测绘、全球地理信息资源建设等应用需求,并为住房和城乡建设、国家调查统计等领域提供高精度的卫星遥感影像。

高分七号卫星遥感影像如图4-11所示。

十二、高分多模卫星遥感影像

高分辨率多模综合成像卫星(以下简称高分多模卫星)是《国家民用空间基础设施中长期发展规划(2015—2025年)》中分辨率最高的光学遥感卫星,也是我国第一颗0.5m分辨率敏捷智能遥感卫星。高分多模卫星行业用户包括自然资源部、应急管理部、农业农村部、生态环境部、住房和城乡建设部、国家林业和草原局等。

图 4-11　隆化县高分七号影像

(时相:2020 年 8 月;分辨率:1m)

高分多模卫星于 2020 年 7 月 3 日 11 时 10 分在太原卫星发射中心成功发射。卫星运行于太阳同步轨道,卫星配置了 4 类有效载荷:1 台 0.5m 分辨率全色/2m 分辨率多光谱光学相机、1 台 20 通道的大气同步校正仪、1 套数据传输设备(含在轨图像处理、区域提取功能)、1 套星间激光通信终端,可广泛应用于国土、测绘、农业、环保、林业等多个行业的几十种业务,进一步满足自然资源、调查监测、开发利用、地质勘查以及应急减灾、农业调查、住建监测、林业保护等领域的高精度数据需求。

十三、遥感三十三号卫星遥感影像

遥感三十三号卫星是中国遥感系列卫星之一,主要用于科学试验、国土资源普查、农产品估产及防灾减灾等领域。

2020 年 12 月 27 日在酒泉卫星发射中心成功发射长征四号丙运载火箭,成功将遥感三十三号卫星送入预定轨道,发射获得圆满成功。

十四、天绘一号卫星遥感影像

天绘一号卫星(TH01)采用 CAST 2000 卫星平台,搭载 5m 三线阵 CCD 相机、2m 高分辨率全色相机和 10m 多光谱相机 3 类 5 个相机载荷,实现了中国测绘卫星从返回式胶片型到传输型的跨越式发展,实现了影像数据经地面系统处理后,无地面控制点条件下绝对定位精度平面优于 10m、高程优于 6m。

天绘一号卫星遥感影像如图 4-12 所示。

图 4-12　平泉县天绘一号影像

(时相:2014 年 10 月;分辨率:2m)

十五、高景一号卫星遥感影像

高景一号(SuperView-1,SV-1)01/02 星于 2016 年 12 月 28 日发射,高景一号 03/04 星于 2018 年 1 月 9 日发射,两次均以一箭双星的方式成功发射。这 4 颗卫星以 90°夹角在同一轨道运行,组成高景一号星座,重访周期缩短至 1d。高景一号全色分辨率 0.5m,多光谱分辨率 2m,轨道高度 530km,幅宽 12km,过境时间为上午 10:30。高景一号卫星具有很高的敏捷性,可设定拍摄连续条带、多条带拼接、按目标拍摄多种采集模式,此外还可以进行立体采集。高景一号单次最大可拍摄 60km×70km 影像。

高景一号卫星遥感影像如图 4-13 所示。

图 4-13 开平区高景一号影像

(时相:2017 年 9 月;分辨率:1m)

十六、珠海一号卫星遥感影像

珠海一号卫星星座由 34 颗遥感微纳卫星组成,包括 2 颗 OVS-1 视频卫星,10 颗 OVS-2 视频卫星,2 颗 OUS 高分光学卫星,10 颗 OHS 高光谱卫星,2 颗 SAR 卫星以及 8 颗 OIS 红外卫星。目前,珠海一号卫星星座已经实现 3 组共 12 颗卫星在轨运行。01 组 2 颗 OVS-1 视频卫星于 2017 年 6 月 15 日搭载 CZ-4B/Y31 火箭发射入轨。02 组 5 颗卫星(1 颗 OVS-2 视频卫星和 4 颗 OHS 高光谱卫星)于 2018 年 4 月 26 日由 CZ-11/Y3 火箭以"一箭五星"的方式发射入轨。03 组卫星数量及种类与 02 组相同,于 2019 年 9 月 19 日在酒泉卫星发射中心由 CZ-11/Y7 火箭以"一箭五星"方式发射入轨。

十七、WorldView-3 卫星遥感影像

WorldView-3 卫星是 DigitalGlobe 商用高分辨率遥感卫星,于 2014 年 8 月 13 日成功发射。该卫星影像分辨率为 0.3m,除可提供 0.31m 分辨率的全色影像和 8 波段多光谱影像外,还提供 8 波段短波红外影像。这颗卫星拥有极高的分辨率,可以分辨更小、更细的地物。该卫星拥有覆盖可见光、近红外、短波红外的波谱特征。WorldView-3 影像拥有极强的定量分析能力,在植被监测、矿产监测、海岸/海洋监测等方面拥有广阔的应用前景。WorldView-3 卫星遥感影像优势包括同步高分辨率超光谱影像、大面积单景和立体采集可消除时态变化、无地面控制点亦可实现精确地理定位、每天采集全球 68 万 km^2 的影像、卓越的阴霾穿透能力、行业领先的地理定位精度。

十八、Landsat 8 卫星遥感影像

Landsat 8 卫星于 2013 年 2 月 11 日在美国加利福尼亚州成功发射，3 月 18 日获得了第一幅遥感影像，并于 29 日作为样本数据供用户下载。Landsat 8 卫星是由美国宇航局和美国地质调查局共同负责的项目。美国宇航局负责卫星传感器的研制和发射，美国地质调查局负责后续的系统维护、地面接收、数据处理和分发。Landsat 8 的设计和特征与 Landsat 7 基本相同，使得数据可以和前期的 Landsat 数据保持很高的一致性和可比性。

Landsat 8 卫星遥感数据优点：①新增的卷云波段有助于区别点云和高反射地物；②卷云波段设计的波长范围位于黏土矿物光谱反射的强吸收带，有利于土壤与建筑不透水面信息的区别；③新增的深蓝波段有助于水体悬浮物浓度的监测；④全色影像波长范围的收窄有利于该影像植被和非植被的区别；⑤辐射分辨率的提高可避免极亮/极暗区的灰度过饱和现象，对反射率极低的水体的细微特征识别有很大帮助。这些优点会对生态环境变化的监测产生积极作用。

十九、SPOT-7 卫星遥感影像

2014 年 6 月 30 日，SPOT-7 卫星从印度达万航天发射中心，使用印度极轨运载火箭(PSLV)成功发射，该卫星由欧洲空中客车防务与航天公司研制。轨道高度 694km，发射质量 712kg，采用 Astrosat 500MK2 平台，具备很强的姿态机动能力，可在 14s 内侧摆 30°。全色分辨率 1.5m，多光谱分辨率 6m，星上载有两台称为“新型 Astrosat 平台光学模块化设备”(NA-OMI)的空间相机，两台相机的总幅宽为 60km。该卫星每天的图像获取能力可达 600 万 km^2，预计工作到 2024 年。根据用户需求可进行灵活编程，具备每天 6 个编程计划。SPOT-7 具备多种成像模式，包括长条带、大区域、多点目标、双图立体和三图立体等，适于制作 1∶25 000 比例尺的地图。SPOT-6 和 SPOT-7 与两颗昴宿星(Pleiades-1A 和 Pleiades-1B)组成 4 星星座，这 4 颗卫星同处一个轨道平面，彼此之间相隔 90°。该星座具备每日两次的重访能力，由 SPOT 卫星提供大幅宽普查图像，Pleiades 针对特定目标区域提供 0.5m 的详查图像。

二十、中巴地球资源卫星 04A 星

中巴地球资源卫星 04A 星(CBERS-4A)于 2019 年 12 月 20 日在太原卫星发射中心成功发射。该卫星是中国和巴西两国合作研制的第 6 颗卫星，将接替中巴地球资源卫星 04 星获取全球高、中、低分辨率光学遥感数据。该卫星共搭载了 3 台光学载荷，包括中方负责研制的宽幅全色多光谱相机，巴方负责研制的多光谱相机、宽视场成像仪。其中，宽幅全色多光谱相机分辨率可达 2m，幅宽优于 90km；多光谱相机分辨率为 17m，幅宽优于 90km；宽视场成像仪分辨率为 60m，幅宽优于 685km。该星在继承中巴地球资源卫星 04 星观测要素、数据连续等的基础上，成像能力更强，定位精度更高，具备侧摆能力，可更好地满足两国在国土资源勘查、土地分类、环保监测、气候变化研究、防灾减灾、农作物分类与估产等领域对遥感数据的迫切需求。

第二节 影像预处理流程

影像预处理主要包括遥感影像辐射校正、遥感影像几何校正、遥感影像正射校正、遥感影

像配准、遥感影像增强与数据融合等。

一、遥感影像辐射校正

由于遥感图像的成像过程复杂，卫星传感器接收的电磁波能量与目标本身的辐射能量是不一致的。造成这种不一致或是失真现象的原因有很多，如太阳位置和角度条件、大气状态、地形条件以及传感器自身条件等，卫星传感器接收的电磁波辐射并不是地物目标本身的辐射能量，因此要对影像进行必要的矫正或消除，该过程称为遥感影像的辐射处理或辐射校正。简言之，辐射校正是消除或减弱由于传感器本身产生的误差以及大气对辐射的影响而引起辐射畸变的过程。其中，传感器产生的误差在数据生产过程中已经进行校正。因此，在数据预处理中，主要对大气影响造成的畸变进行校正。

辐射校正的目的在于尽可能消除因传感器自身条件、薄雾等大气条件、太阳位置和角度条件及某些不可避免的噪声而引起的传感器的量测值与目标的光谱反射率和光谱辐射亮度等物理量之间的差异，尽可能恢复图像的本来面目，为遥感影像的识别、分类、解译等后续工作打下基础。

1. 辐射定标

辐射定标是大气校正的准备工作。它是将图像的数字量化值(DN)转化为辐射亮度值或者反射率、表面温度等物理量的处理过程。

影像数据记录的是数字量化值，大气校正过程中，输入的图像必须是经过辐射定标后的辐射亮度图像。因此，需要对影像数据辐射定标，从而获得辐射亮度值、反射率值、温度值等物理量。

多光谱辐射定标前后水体光谱曲线如图 4-14、图 4-15 所示。

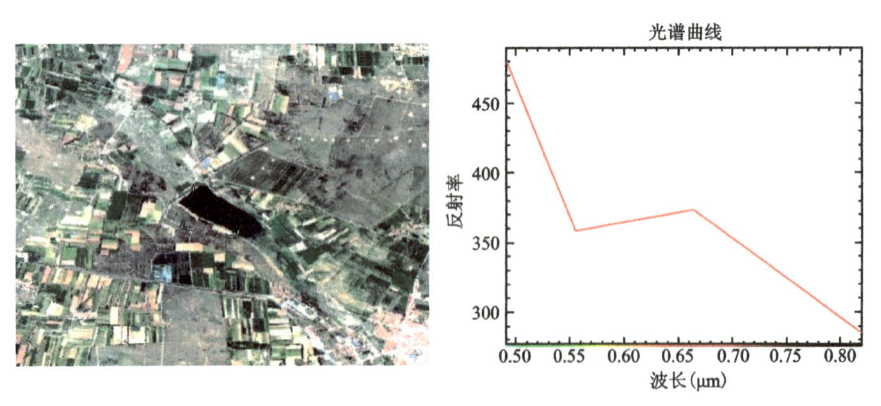

图 4-14　定标前水体光谱曲线

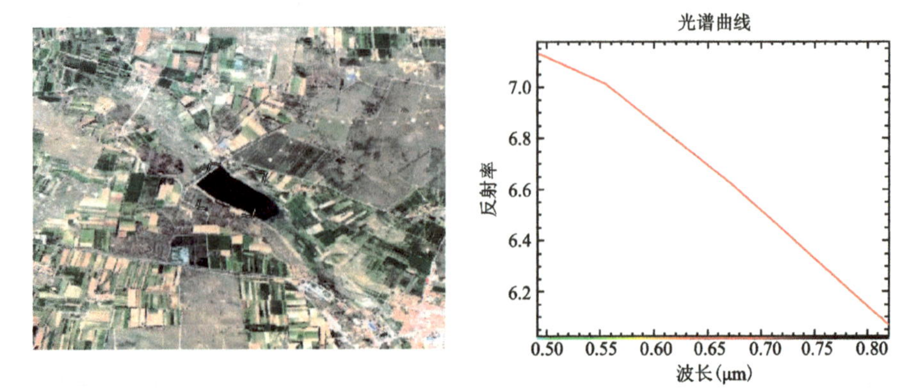

图 4-15　定标后水体光谱曲线

2. 大气校正

当电磁波穿过大气层时，电磁波的方向被大气改变，从而影响遥感影像的辐射亮度值。大气的影响是指大气对阳光和来自目标的辐射产生吸收和散射。消除大气的影响至关重要，所以我们通常把消除大气影响的校正过程称为大气校正，同时也是反演地物真实反射率的过程。

基于辐射传输方程的大气校正是利用电磁波在大气中的辐射传输原理建立起来的模型对遥感影像进行大气校正的方法，被学界认为具有较高的辐射校正精度。这种方法是将遥感影像的 DN 值转换为地表反射率、地表辐射率以及地表温度。因为国产卫星数据缺乏用于反演大气参数的波段，给卫星数据的大气校正带来困难，所以用户通常采用 FLAASH 大气校正方法作为国产卫星数据的大气校正方法。

通过对国产卫星数据进行 FLAASH 大气校正，可有效地去除大气作用对影像的影响，对比经 FLAASH 大气校正后与标准光谱库中典型地物的光谱曲线，大气校正后的地物光谱曲线接近实际地物光谱曲线，有利于利用光谱特征对目标地物信息的提取。大气校正前后水体光谱曲线如图 4-16 所示，植被光谱曲线如图 4-17 所示。

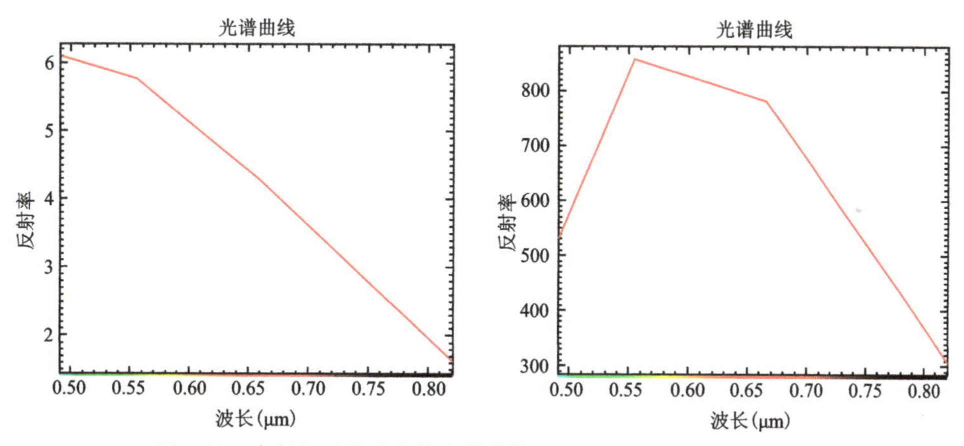

图 4-16　大气校正前后水体光谱曲线(左大气校正前，右大气校正后)

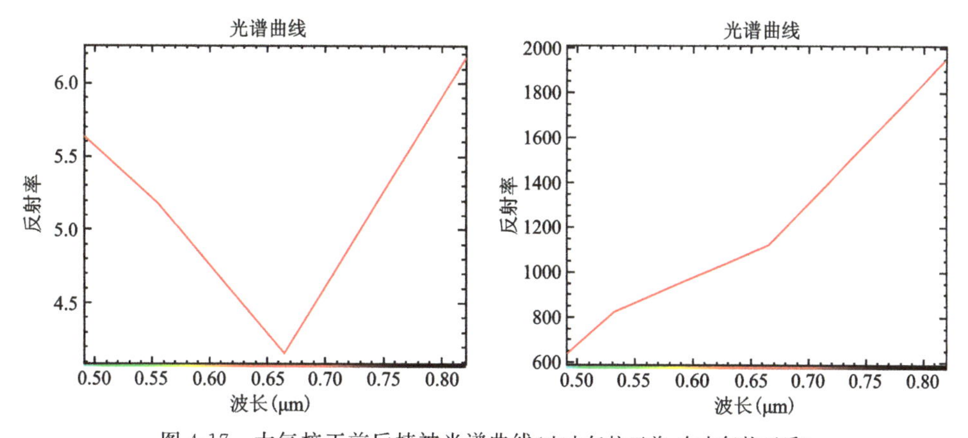

图 4-17　大气校正前后植被光谱曲线(左大气校正前，右大气校正后)

二、遥感影像几何校正

原始图像通常存在严重的几何畸变，几何畸变是指图像上的地物几何位置、形状、尺寸、方位等特征与地面真实形态产生差异，这种差异是影像平移、缩放、旋转、偏扭、弯曲等综合因素作用的结果。图像发生畸变会对定量分析和信息提取产生严重的影响。消除影像畸变的过程称为几何校正。

几何畸变受多种因素影响，主要是由卫星姿态、轨道、地球的运动和形状等外部因素引起的，有的是由遥感器本身的结构性能和扫描镜的不规则运动、检测器采样延迟、探测器的配置、波段间的配准失调等内部因素引起的。

几何校正一般分两步完成，即几何粗校正和几何精校正。几何粗校正主要根据遥感平台、传感器、地球等各种参数进行处理，这部分工作基本上由地面接收站完成，但是经过几何粗校正的遥感影像的误差较大，不能满足分析的要求，用户需要作进一步的几何精校正。几何精校正主要包括函数选择、地面控制点选取、坐标变换和像元重采样等步骤。

1. 控制点选取

地面控制点的选择是几何校正中最重要的一步。一般地面控制点应当在图像上有明显的、清晰的定位标志，如道路的交叉点、河流交叉口、建筑边界、农田界线等。地面控制点上的地物不随时间而变化，以保证图像校正时地面控制点与影像上的控制点一一对应。另外，地面控制点应当均匀分布在整幅图像中，且要有一定的数量保证。地面控制点的数量、分布和精度直接影响到几何校正的效果。控制点的精度和选取的难易程度与图像质量、地物特征及空间分辨率密切相关。

2. 几何校正模型

地面控制点选取后，需要建立待校正图像与参考图像和地图之间的几何校正模型，进行方位参数解算，实现二者间的几何匹配。常用的卫星影像校正模型包括多项式模型、有理函数模型和参数模型，其中多项式和有理函数模型属于非参数模型(关元秀等，2008)。

三、遥感影像正射校正

目前的影像正射纠正主要是利用遥感图像处理软件(如 PCI、ERDAS 等)的正射纠正功能模块，采用严格物理模型或有理函数模型，结合纠正控制资料和 DEM 进行正射纠正。根据不同的遥感影像的具体情况，采用不同的模型纠正方法。

1. 物理模型

物理模型是根据卫星星历参数建立的严密纠正模型。模型在对传感器成像时的位置和姿态进行模拟和解算的基础上，同时考虑了地物点高程的影响，因此在地形起伏较大的情况下，该方法纠正精度尤为精确，是正射纠正的首选模型。

遥感图像处理软件 PCI、ERDAS 等均实现了针对各卫星数据的严格物理模型纠正算法。

2. 有理函数模型

对于无法提供卫星严格轨道模型但能够提供 RPC 参数的数据，采用有理函数模型来模拟其物理模型进行正射纠正。

对于没有提供 RPC 参数的数据可先进行粗纠正，保证接边达到精度要求，然后进行多景镶嵌，采用有理函数进行整体纠正。

遥感影像正射校正前后示意图如图 4-18 所示。

图 4-18 遥感影像正射校正前后（左为正射校正前，右为正射校正后）

四、遥感影像配准

以全色数据和高程数据为基础，选取待配准影像和全色数据上特征明显的同名地物点为配准控制点，避免在全色数据镶嵌线附近、存在错误或误差超限的区域采集控制点。

配准后的影像保留原始影像的波段数目、顺序和采样间隔。重采样方法采用双线性内插法或三次卷积内插法。

五、遥感影像增强与数据融合

多光谱数据具有多个光谱波段和丰富的光谱信息，不同波段影像对不同地物有特殊的贡献。因此在影像融合前需要进行最佳波段的选择组合和彩色合成，以最大限度地利用各波段的信息量，辅助影像的判读与分析。在融合影像中，多光谱数据的贡献主要是光谱信息。融合前以色彩增强为主，调整亮度、色度、饱和度，拉开不同地类之间的色彩反差，对局部的纹理要求不高。为了保证光谱色彩，有时可以削弱纹理信息来确保融合影像图的效果。可根据融合目的、数据源类型、特点，选择合适的融合方法，最大限度地提取有用信息、抑制噪声。图像融合可在 3 个不同层次上进行：一是基于像素的图像融合，二是基于特征的图像融合，三是基于决策层的图像融合（表 4-2）。

表 4-2 图像融合 3 个层次

像素级	特征级	决策级
小波变换法	贝叶斯估计法	贝叶斯估计法
彩色空间变换法	神经网络法	神经网络法
基于主成分变换法	带权平均法	模糊集理论
高通滤波法	证据推理融合法	证据推理融合法
回归模型法	熵法	基于知识融合法
卡尔曼滤波法	聚类分析方法	可靠性理论
代数法	表决法	逻辑模板

1. 像素级融合

基于像元的融合方法主要是像元之间的直接数学运算，包括差值/梯度/比值运算、加权运算、多元回归或其他数学运算。例如加权运算是将待融合的两幅图像视为两个二维矩阵，计算两图像的相关系数，如果相关系数较大，则进行融合运算，将两图像上空间位置对应的像元值进行加权相加，加权之和作为新图像在该空间位置上的像元值。

主要融合方法有 IHS 变换、主成分分析（Principal Components Analysis，PCA）法、Brovey 变换等。

（1）IHS 变换。IHS(Intensity，Hue，Saturation)表示强度、色度和饱和度，它们是人们识别颜色的 3 个特征。IHS 彩色空间变换就是将 RGB(Red，Green，Blue)空间图像分解为空间信息的强度(I)和代表波谱信息的色度(H)、饱和度(S)。在图像融合中主要有两种应用 IHS 技术的方式：一是直接法，将 3 波段图像变换到指定的 IHS 空间；二是替代法，首先将由 RGB 3 个波段数据组成的数据集变换到相互分离的 IHS 彩色空间中，用公式将 RGB 三通道进行 IHS 变换，用全色波段与变换后的 I 分量进行直方图匹配，用匹配后的图像替代 I 分量，再进行反变换回到 RGB 空间生成融合图像。IHS 彩色空间变换如图 4-19 所示。

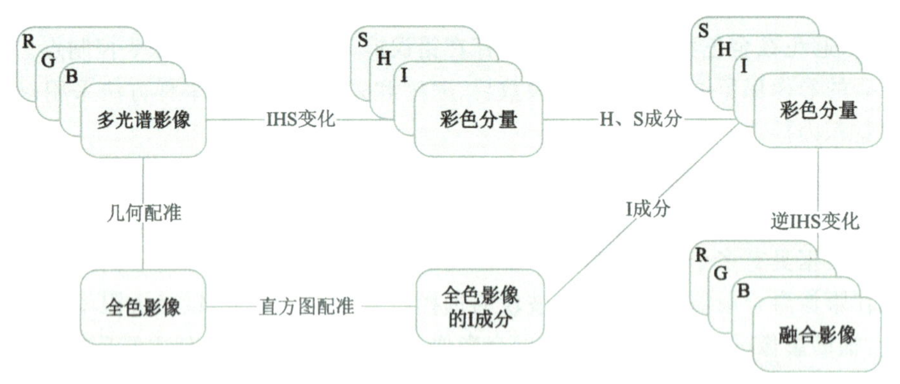

图 4-19　IHS 彩色空间变换

（2）主成分分析法。主成分分析法也称 K-L 变换，是一种统计学方法。它将一组相关变量转化为一组原始变量的不相关线性组合的正交变换，其目的是把多波段的影像信息压缩或综合在一幅图像上，并且各波段的信息所作的贡献能最大限度地表现在新图像中。主成分分析法主要应用于图像编码、图像数据压缩、边缘检测及数据融合当中。

（3）Brovey 变换。Brovey 变换是一种比较简单的颜色归一化影像融合方法，它是将高分辨率的全色影像亮度值与多光谱各波段亮度值作逐点算术运算生成 3 幅图像，然后进行 RGB 假彩色合成并生成融合图像。比值变换融合前后影像如图 4-20 所示。

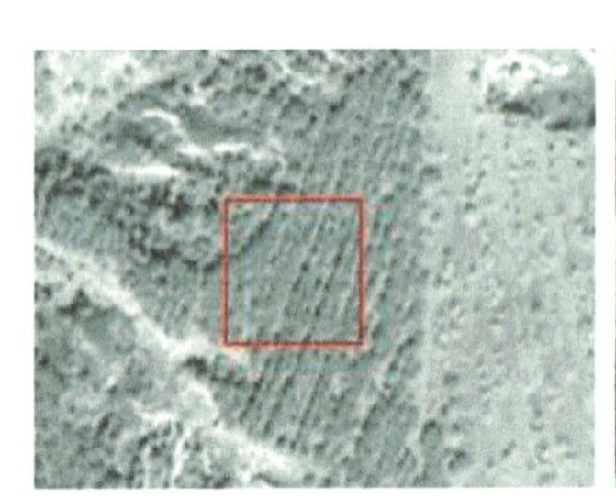

图 4-20　Brovey 融合（左图为全色影像，中图为多光谱影像，右图为 Brovey 融合后影像）

2. 特征级融合

特征级融合是一种中间层次的融合，首先对来自不同传感器的原始信息进行特征提取，然后对多传感器获得的多个特征信息进行综合分析和处理，以实现对多传感器数据的分类、汇总和综合。特征级融合可以实现客观的信息压缩，便于实时处理。主要方法有聚类分析法、贝叶斯估计法、信息熵法等。

3. 决策级融合

分类级的融合又称为决策级融合，它是最高层次的融合。首先按应用的要求对图像进行初步的分类（贝叶斯分类、人工神经网络分类等），然后在各类地物（如水体、植被等）中选取出特征影像，由于不同来源的遥感影像对应的最佳地物特征表现不同，因此，对于每类地物，可以选择出最佳的图像组合，进行融合处理，以取得最为满意的分类效果。

通过影像融合，可对多种影像或数据信息加以综合，消除多传感器信息之间可能存在的冗余和矛盾，降低其不确定性，锐化影像，减少模糊度，以增强影像中信息的透明度，改善分类质量，提高分类精度、可靠性及使用率。

决策级图像融合具有很强的容错性、处理时间短、数据要求低，但信息损失较大，且精度较低。

主要融合方法有贝叶斯估计法、神经网络法、模糊聚类法、专家系统等。

六、遥感影像波段选择、增强及计算

以湿地为例，针对湿地本身的特征，在利用不同的遥感数据时，可以选择对水体和湿度响应比较明显的波段。另外，对于高光谱遥感数据，可以根据实地测量的地物光谱曲线，选择与研究对象光谱特征密切相关的波段应用于分类。在选择合适的波段后，对原始影像进行辐射或光谱增强处理，达到增强湿地信息的目的，从而提高信息提取的精度。

另外，还可以分析遥感数据的不同多光谱波段对湿地的反射强度，基于比值型指数创建的原则，将反射率最强的波段或波段组合置于分子，反射率较弱的波段或组合置于分母，通过比值运算，进一步扩大两者的差异。

七、遥感影像镶嵌

首先在相邻数据重叠区勾绘镶嵌线，镶嵌线勾绘尽量靠近采样间隔较小影像的外边缘；相同采样间隔的多波段与单波段影像，镶嵌线勾绘尽量靠近多波段影像的外边缘，以保证其数据使用率最大化。然后对镶嵌线两侧影像进行裁切，裁掉重叠区域影像，各自保持原采样间隔并以独立文件存放。为避免因坐标系转换导致接边处出现漏缝，裁切时，若相邻数据采样间隔不同，采样间隔小的影像沿镶嵌线裁切；若相邻数据采样间隔相同但波段类型不同，多光谱彩色影像沿镶嵌线裁切；若采样间隔大或为单波段影像，应适当外扩一定范围，原则上外扩 20m 进行裁切。

镶嵌线应尽量选取线状地物或地块边界等明显分界线，以便尽可能地消除拼接缝，有利于判读。然后对满足几何精度要求的影像进行镶嵌。镶嵌前后影像如图 4-21、图 4-22 所示。

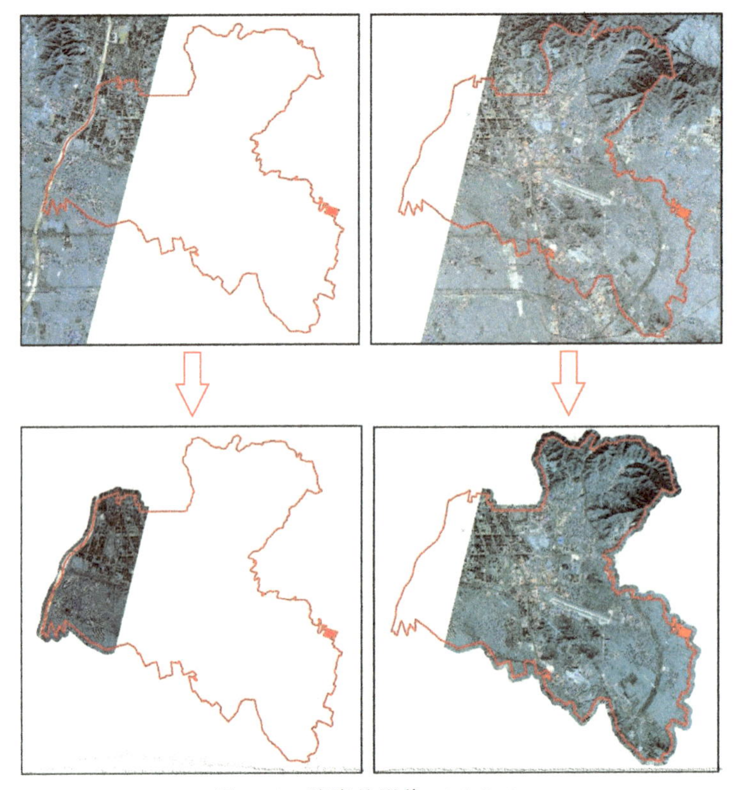

图 4-21　镶嵌前影像(裁剪前后)

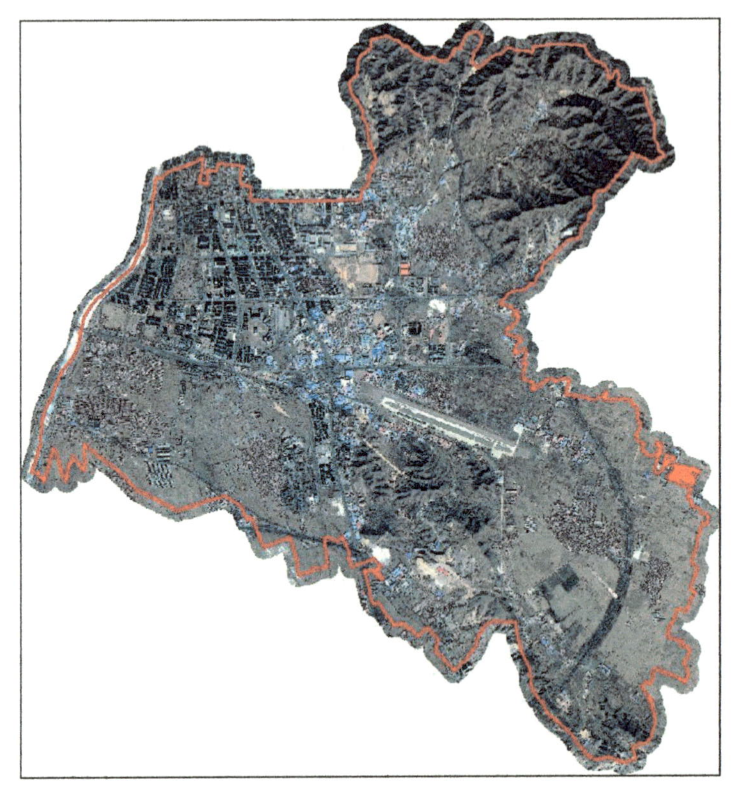

图 4-22　镶嵌后影像

第五章　自然资源调查信息自动提取

近年来，大数据、人工智能、5G、区块链、知识图谱、空间信息等高新技术的迅猛发展和交叉融合，为构建自然资源调查监测体系提供了必要的技术支撑和保障条件。

首先，在数据获取方面：一是航天卫星遥感可实现大范围、高分辨率影像数据的定期覆盖，目前由自然资源部牵头在轨运行的国产公益性遥感卫星达到19颗，形成了大规模、高频次、业务化卫星影像获取能力和数据保障体系，能支持周期性的调查监测；二是各种无人机航空遥感平台可以支撑局域的精细调查与动态监测；三是基于"互联网"和手持终端的巡查工具，能实现地面场景的快速取证、样点监测。综合利用这些先进观测与量测技术，构建"天-空-地-网"一体化的技术体系，可以大幅度提升调查效率，逐步解决足不出户的实时变化发现与监测问题。

其次，在信息提取方面：大数据、人工智能、北斗定位等技术的快速发展与融合应用，使基于影像的地表覆盖及变化信息高精度自动化提取成为可能；基于多源数据的定量遥感反演技术，为提取相关自然资源参数提供了先进手段。

第一节　自动提取方法

对不同的信息自动提取方法进行分析，选择适合自然资源调查对象的信息自动提取方法。

由于信息技术的发展，数据海量化已成为当今社会的主要特征，其中，信息的时效性尤为重要。因此，通过遥感信息的智能化和自动化识别，实现由遥感信息直接提取信息就显得尤为重要。目前，计算机信息提取，总体上可分为以下几大类方法：基于非监督分类的信息提取技术、基于监督分类的信息提取技术、基于决策树的信息提取技术、基于面向对象的信息提取技术、基于深度学习的信息提取技术。

一、基于非监督分类的信息提取技术

非监督分类包括迭代自组织数据分析方法(Iterative Self-Orgnizing Data Analysize Technique Algorithm，ISODATA)和K-均值聚类算法(K-means clustering algorithm，K-mean)两种方法。首先大体上判断主要地物的类别数量，一般非监督分类类别数量是最终分类数量的2～3倍，这样有助于提高分类精度。非监督分类是在多光谱特征空间中通过数字操作搜索像元光谱属性的自然群组的过程，这种聚类过程生成一幅由m个光谱类组成的分类图。然后分析人员根据后验知识将光谱类划分或转换成为感兴趣的专题信息类(如河流、林地、草地等)。

其中ISODATA技术，首先计算数据空间中均匀分布的类均值，然后用最小距离技术对剩余像元进行迭代聚合，每次迭代都重新计算均值，且根据所得的新均值，对像元进行再分类。K-means随机地查找聚类簇的中心位置，利用各聚类中对象的均值获得的"中心对象"(引力中

心）进行计算，然后迭代地重新配置，完成分类过程。ISODATA 监督分类结果如图 5-1 所示。

图 5-1　ISODATA 监督分类结果

优点：非监督分类是在多光谱特征空间中分割遥感影像数据并提取地面覆盖信号的一种有效方法。相对于监督分类而言，非监督分类一般不需要训练数据，分类步骤简单快速，对光谱值利用充分。

缺点：分类结果精度受初始设定中心值及阈值影响大，且分类后需要后续处理步骤多，同物异谱和同谱异物现象无法解决，精度较低。

二、基于监督分类的信息提取技术

监督分类可以看作目视解译的加强版，首先人工判断部分地物的土地利用类型，通过 GIS 软件确定样本区，并通过可分离度检验样本区可靠性，再利用某些分类模型对研究区域整体进行分类。常用的模型有最大似然法、最小距离法、马氏距离法、平行六面体法、BP 神经网络、支持向量机等。

最大似然法最早由罗纳德·费雪提出，该方法明确地使用概率模型，假设遥感影像的各波段光谱值都符合正态分布，通过对比样本各波段与整张影像的波段值，将似然度最大的像元归为一类。最大似然法的分类精度较高，因而得到广泛应用。

最小距离法通过计算各类样本的均值向量，并将均值向量设为该地类的中心，然后计算遥感影像中所有像元到各地类中心的距离，并将其归入距离最近的一类。

马氏距离法由统计学家马哈拉诺比斯提出，它表示数据的协方差距离，该方法的逻辑与最小距离法相似，即通过计算各像元到各地类样本的马氏距离，并将其归入距离最小的一类。

平行六面体法也称多级切割法，它根据样本的波段光谱值生成一个多维的平行六面体数据空间，不同类型的样本分布在这个数据空间的不同位置，然后比对每个像元的光谱值在这个平行六面体中的位置，将其归为最接近的样本类型中。

BP 神经网络由 Rumelhart、Hinton 和 Williams 提出，也称为多层前馈神经网络，它是一个非线性动力学系统，模拟人脑的形象思维方式，用小型处理模块模拟人脑的神经元，通过节点输出、刺激函数、误差计算和自学习模型识别样本区特性，进而推广至整个研究区完成土地利用类型分类。

支持向量机由 Corinna Cortes 和 Vapnik 提出，这是一种建立在统计学理论基础上的方法，该方法首先计算每类样本中的向量，并将向量映射至高维空间，这样就能将类与类之间的间隔最大化，然后在这个空间里判断向量的区分能力，根据区分能力构造分类器，最后按分类器对遥感影像分类。

优点：能够充分利用个人的知识储备迅速选择样本，通过模型推演出结果，且精度较高。

缺点：个人经验对结果精度影响较大，且样本选择需要多次调整，时间成本较高，并且同谱异物、同物异谱的现象难以得到快速、合理的解决。

三、基于决策树的信息提取技术

多数信息自动提取技术依托于遥感影像本身，而基于决策树的信息提取技术能够利用更多的数据参与分类处理。决策树分类无需假设训练样本具有正态分布，决策树分类器是一个典型的多级分类器，它由一系列二叉决策树构成，用于将遥感影像像元归属到相应的类别。每个决策树依据一个表达式将影像中的像元分为两类。每一个新生成的类别又可以根据其他的表达式继续向下分类，可以根据需要定义决策树的节点，节点数量不受限制。决策树的结果为不同的类别，用户可以使用来自不同来源或文件的数据共同生成一个决策树分类器，也可以交互式地裁剪或编辑决策树。

基于决策树的信息提取技术对海量信息分步利用，首先确定若干的样本区，统计样本区的各类属性，生成属性表。然后利用 CART 算法、S-PLUS 算法、C4.5 算法等对属性表进行分析，得出按哪一类属性将各类样本区分，这类属性即为根节点。第三迭代运算逐级确定叶节点，生成完整的决策树。最后以此决策树对整个研究区分步骤逐级判断，输出结果。

优点：基于决策树的信息提取技术是解决实际应用中分类问题的数据挖掘方法之一，该方法具有灵活、直观、清晰、强健、运算效率高等特点，在遥感影像分类问题上表现出巨大优势。同时，使用该方法可以逐级判断土地利用类型的分类工程，既能利用多种数据，又可以多批次地输出同一类地物，在很大程度上解决了基于光谱方法所面临的同物异谱、同谱异物问题，同时基于决策树的信息提取技术的分类精度高于基于光谱的监督分类与非监督分类自动解译方法。

缺点：准备数据量大、样本选择难度大、统计时间久，对研究者知识储备要求高。

四、基于面向对象的信息提取技术

对于高分辨率遥感卫星影像，基于单个像元分析的分类算法难以有效地提取所需的信息，高分辨率遥感影像上同谱异物和同物异谱的现象相对于中分辨率影像更为突出，单个像元的分析不能有效解决这个问题，同时，逐像元分析法常忽略的重要问题是影像上一个像元所代表的地面的表现信号有相当一部分来自周围事物，因此需要改进算法，这种算法不仅要考虑单个像元的光谱特征，还要考虑周围像元的光谱特征。因此，基于面向对象影像分割的分类算法应运而生。

该方法根据纹理、亮度、波段设定阈值，首先将影像分割为若干区域，并通过迭代运算将低于阈值的图斑合并，高于阈值的图斑再次分割，直至稳定为止。然后通过对分割后图斑的波段灰度值进行直方图匹配，将分块结果进行精炼；计算遥感影像的空间、光谱值、纹理特征、颜色空间与波段比等属性，输出对象属性表；通过对上一步中属性的描述，以监督分类、规则分类或者是直接输出矢量的方法提取特征。最后将符合特征的土地利用类型从遥感影像中分离出来。该方法在影像分割阶段就整合了光谱信息与空间信息，并产生了影像对象的概念，影像对象定义为形状与光谱性质具有同质性的单个区域。

基于像元的分类方法，主要是利用像元的光谱特征，应用于中低分辨率遥感图像，而高分辨率遥感图像的细节信息丰富，图像的局部异质性大，传统基于像元的分类方法易受高分辨率影像局部异质性大的影响和干扰。然而面向对象的分类方法可以高分辨率图像丰富的光谱、形状、结构、纹理、相关布局以及图像中地物之间的上下文信息，结合专家知识进行分类，显著提高分类精度，并且使分类后的图像含有丰富的语义信息，便于解译和理解。对高分辨率遥感影像来说，是一种非常有效的信息提取方法，具有非常广泛的应用前景。

优点：该方法能够充分利用图像的光谱、纹理、几何、结构等特征，且分类精度较高。

缺点：该方法适用于纹理清晰，几何特征、结构特征明显的高分辨率影像，适用性不高且步骤复杂，运算过程缓慢。面向对象分类结果如图 5-2 所示。

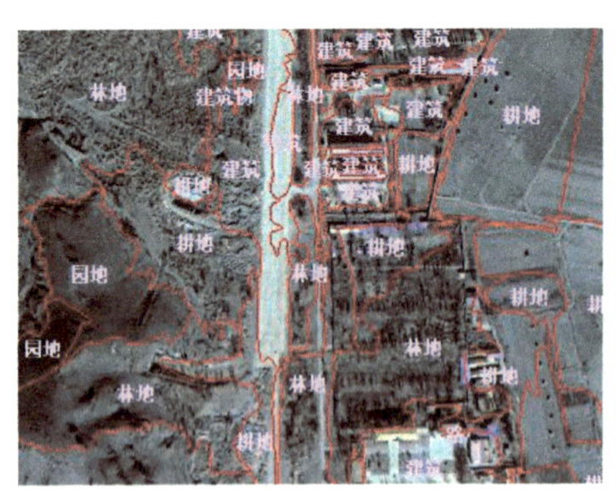

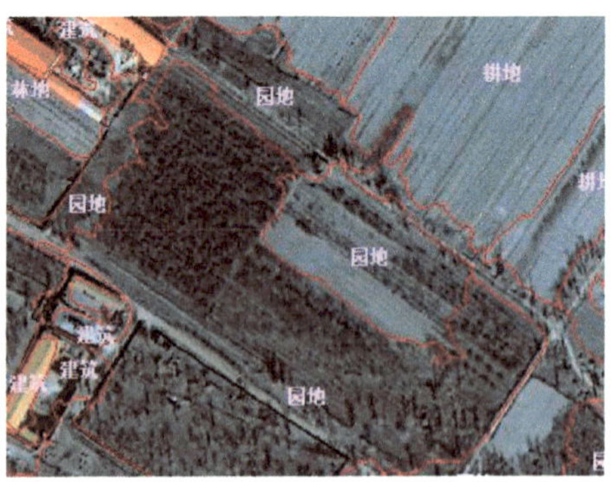

图 5-2　面向对象分类结果

五、基于深度学习的信息提取技术

深度学习是机器学习研究中的一个新领域，其动机在于建立、模拟人脑进行分析学习的神经网络，它模仿人脑的机制来解释数据，例如图像、声音和文本。深度学习是无监督学习的一种。而良好的特征表达，对最终算法的准确性起到了非常关键的作用，但在实际应用中，特征提取大都需要人工参与完成，费时费力，并且对作业人员的专业水平有较高的要求，深度学习的产生可以实现自动特征的筛选及提取。

相对于传统方法，深度学习在图像识别领域取得巨大进步的主要原因在于深度卷积神经网络是通过训练数据自动学习特征。卷积神经网络主要包含了 4 种基本操作：卷积、池化(pooling)、全连接和非线性变换。

优点：深度学习可以掌握不同地物的形状、纹理、背景等特性，可以比较准确地区分不同地物，并可以严格按照训练结果来分割地物，在一定程度上减少人为原因造成的误判。

缺点：①对于图像分类模型、分割模型需要大量的数据来训练，特别对于图像分割模型来说，需要大量的标签来标识不同地物，如果人工来标识工作量太大，很难满足业务化的需求。②深度学习的结果往往是栅格图像，最终结果很难修正。针对复杂的遥感影像，深度学习也会出现判断错误，自动检测无法顺利修正的情况下，很难达到工程化的要求。③现在的深度学习训练模型往往是基于三通道(RGB)的数据，大都不能够直接充分考虑植被指数、水体指数等有效的波段信息，降低了准确性。

六、结论

通过以上分析可知，自然资源调查自动提取的各种独立技术方法都有其优越性，但也不可避免地存在诸多弊端，不能同时满足全覆盖自然资源信息的自动提取。科研人员可考虑结合不同的提取方式，提取不同分辨率遥感影像中的自然资源信息，如面向对象与深度学习相结合、面向对象与决策树分类相结合、非监督分类与决策树分类相结合等。

同时，结合所研究自然资源的光谱特征、纹理特征、形状特征、空间关系特征等综合因素，对非监督分类、面向对象、决策树、深度学习等信息自动提取方法进行分析，选择适合自然资源调查对象的信息自动提取方法。

第二节　不同自然资源提取方法分析

自然资源信息提取中，人工目视解译拥有更高的准确率，但是仅靠专家进行人工的目视解译，耗时长，效率低，成本高，并且解译精度极大程度地依赖于专家本身的经验。现阶段由于遥感影像数据急剧增加及提取需求频率剧增，完全人工目视解译已不能满足需求，目前多为利用专家的先验知识辅助计算机进行目标识别与图像分类。本书主要从以下几个大类方面对自然资源调查信息自动提取进行分析，以辅助自然资源调查工作的开展。

一、耕地提取

耕地是农业发展的基础，而遥感技术是当前监测耕地面积以及分布情况的主要工具。耕地本身复杂的地形特征以及其他背景地物的混淆，使得地形特征、分辨率、空间物理误差、几何变形、算法等一直是制约耕地快速实时监测的主要因素。支持向量机算法具有小样本学习、抗噪声性能好、学习效率高、鲁棒性好等优点。在支持向量机算法的众多核函数中，应用最广的是径向基核函数，无论是小样本还是大样本，高维还是低维等，径向基核函数均适用。而且与多项式核函数相比，径向基核函数需要确定的参数要少很多，数值的计算和调参相对简单。所以这里使用径向基核函数作为算法的核函数。通过调整支持向量机模型的参数，可以使得模型对耕地的识别准确率达到 90%以上(李昌俊等，2018)。

二、湿地提取

分层分类法是近年来被众多研究者青睐的一种湿地分类方法，它是以决策树分类模型为基础，按照分类树的结构层级一层一层将目标信息划分提取。第一类的湿地，无需继续细分。主要采用面向对象的分类而不是基于像元的分类，分类规则为对象的平均近红外波段像元值小于 688 且混合水体指数 CIWI 小于 0.649。采用分层分类法进行分类，精度达 90%(郭焱州，2020)。

三、园地提取

园地和耕地在光谱上相似度比较大，地表反射率非常接近，只根据不同波段的光谱灰度值进行单像元自动分类无法准确地区分，因此采用融合光谱、纹理、地形信息的支持向量机的分类方法。通过这种方法得到的结果分类精度可达80%(张峥，2016)。

四、林地提取

林地信息提取与分类是遥感技术在森林资源调查应用中的关键技术和内容，也可广泛应用于城市规划编制、林地资源分析、水土流失治理等领域。这里主要是使用决策树分类的方法，综合NDVI大于0.6且坡度大于10°和面向对象分类的结果提取林地信息，精度为92.4%(任冲，2016)。

五、道路提取

道路信息在应急响应、智慧城市、城市可持续扩展、车辆管理、城市规划、交通导航、公共健康，无人机导航、灾害管理、农业发展以及无人驾驶车路径规划和交通管理等多个领域扮演着基础性的角色。由于地物遮挡(视觉、绿化、阴影、地物覆盖等)、路面辐射差异(路面老化、结构差异)、成像模糊等问题，路面影像呈现出边缘信息的非一致性、特征变形分布的不规律性以及光谱信息刻画的复杂性，这一系列问题增大了道路特征表达的不确定性以及道路提取模型构建的难度。目前大致有4种分类方法：模板匹配法、知识驱动法、面向对象法以及深度学习法。模板匹配法较其他几种方法提取效果最佳，但统计数据表明模板匹配法人工干预程度极高，种子点选取较多，算法自动程度低。知识驱动法的道路提取方法完整率、正确率和提取质量分别为83%、88.7%、83%，其人工参与度低，但比面向对象法提取效果好。而面向对象法易受到噪声干扰(建筑物、阴影、道路障碍物)，分割结果不佳，71.4%的完整率和79.1%的正确率验证了这一论点。相比其他几种方法，深度学习法的完整率和正确率分别为88.7%和98.7%，可提取被遮挡(车辆、树木阴影、建筑物阴影)的道路区域，但是该方法提取质量为87.6%，表明该方法提取结果仍然存在不连续、过度拟合的问题，并且深度学习法目前无法处理由视觉大面积遮挡的道路区域。从实际效果来看，不同方法在不同场景中具有一定的适用性，但关键在于人工的参与度大小，人工参与程度越大则实际效果越佳(戴激光等，2020)。

六、水体提取

传统基于光谱信息的水体提取未能考虑水体形状、纹理、大小、相邻关系等问题，且存在同物异谱、异物同谱现象，导致水体提取精度较低。而传统基于分类提取水体方法浅层特征设计过程较为烦琐，且不能挖掘深度信息特征。何红术等(2020)借鉴经典U-Net网络的解编码结构对网络进行改进：将VGG网络用于收缩路径以提取特征；在扩张路径中对低维特征信息进行加强，将收缩特征金字塔上一层的特征图与下一层对应扩张路径上的特征图进行融合，以提高提取结果分割精度；在分类后处理中引入条件随机场，以将分割结果精细化。这种改进的U-Net网络结构精确率高达94.8%(何红术等，2020)。

七、其他土地提取

遥感图像地物分类一直是遥感解译的难题。传统的分割方法在应用上受到很大的限制。近些年在各种出色的语义分割模型出现后，基于语义分割方法对遥感图像地物分类的研究取得了非常大的进展。全卷积神经网络 FCN 图像分割算法的提出，首次实现了以端对端的形式进行图像分割，并在自然场景图像分割中取得了较好的效果。此后，出现了大量的基于 FCN 的图像分割算法。根据相关研究调查，U-Net 网络适用于遥感图像领域的分割。U-Net 网络结构是 Olaf Ronneberger 等在 2015 年 ISBI 竞赛中提出的网络结构，该网络结构由收缩子网络和扩张子网络两部分组成，构成了一个“U”形结构，因此被命名为 U-Net。U-Net 首先通过卷积和池化操作来提取特征信息，然后通过转置卷积并裁剪之前的低层特征图进行融合，用来精准定位。重复这个过程，直到获得输出的特征图，最后经过激活函数获得分割图。U-net 网络结构如图 5-3 所示。

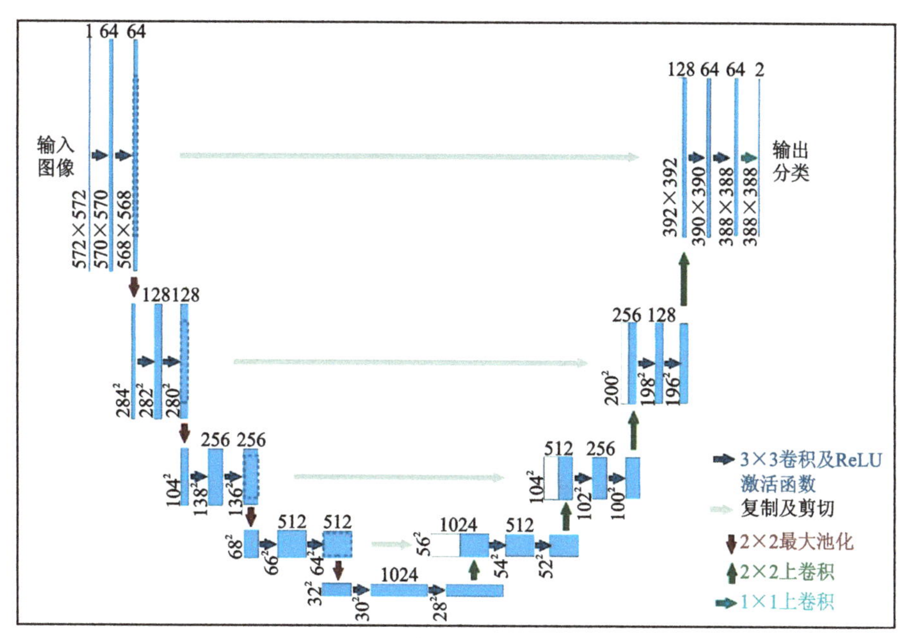

图 5-3　U-net 网络结构图(据林志斌等，2020)

通过研究已有的文献资料，发现文献中的实验通过对比 ResUnet 网络模型在精确度、召回率、F1 分数 3 个评价指标在每个类别的表现情况。

其他土地使用不同网络模型评价指标对比见表 5-1。

表 5-1　其他土地使用不用网络模型评价指标对比

类别	精确值				召回率				F1 分数			
	Unet	Res50-Unet	Res101-Unet	Res152-Unet	Unet	Res50-Unet	Res50-Unet	Res50-Unet	Unet	Res50-Unet	Res50-Unet	Res50-Unet
其他	0.73	0.88	0.91	0.90	0.87	0.89	0.90	0.92	0.83	0.91	0.91	0.91

优点：从表 5-1 中可以看出 Res-Unet 模型优于 Unet 网络。对比替换了主干网络之后的

Res-Unet 与 U-Net,发现无论是精确度还是召回率,Res-Unet 都得到了很大的提升,改进之后的 Res-Unet 更好,其中 Res152-Unet 表现最好。F1 分数越高说明模型越可靠,可以发现在高分辨率遥感数据中,更深的主干网络性能更好。

缺点:对于图像分类模型、分割模型需要大量的数据来训练。随着网络层数的加深,硬件设备需要足够的 GPU 算力来支持数以万计的权重参数计算。

八、建筑提取

遥感图像的分割是图像分割领域中一项具有挑战的任务。遥感图像建筑物语义分割在国防安全、国土资源管理、土地规划等方面有着重要的研究意义和应用价值。遥感图像建筑物分割的实质是通过提取有效的图像特征,建立输入图像与输出建筑物特征之间的映射关系。对于遥感图像中多尺度的建筑物无法完整自适应提取,建筑物边界所提取的特征存在不清晰和丢失等现象。针对以上问题,提出一种利用膨胀卷积提取特征并多尺度特征融合的深度网络模型,自动提取多尺度遥感图像建筑物特征,解决传统深度网络模型提取遥感图像建筑物受道路、树木、阴影等因素影响提取目标边界特征不清晰和丢失等问题,提升建筑物分割精度(徐胜军,2020)。

网络模型 MDNNet 以 ResNet 残差网络结构中的 ResNet-101 为基础网络模型,主要由膨胀卷积网络模块、多尺度特征融合模块和特征解码模块组成。首先利用不同扩张率的膨胀卷积获取不同尺度的遥感图像建筑物特征信息,提取过程不对图像进行下采样处理可以避免由于分辨率降低造成图像细节信息损失;其次从不同尺度融合图像特征来获取不同尺度的上下文信息,加强模型对不同尺寸大小建筑物目标的提取能力;最后利用解码模块将经过特征融合模块的各级特征综合利用,恢复图像原有分辨率输出分割结果,实现对目标边界的精细化分割。

ResNet 加入了残差结构,解决了深层网络退化问题:网络深度增加时,网络准确度出现饱和,甚至出现下降。对于一个堆积层结构(几层堆积而成),当输入为 x 时其学习到的特征记为 $H(x)$,现在我们希望其可以学习到残差 $F(x)=H(x)-x$,这样其实原始的学习特征是 $F(x)+x$。之所以这样,是因为残差学习相比原始特征直接学习更容易。当残差为 0 时,堆积层仅仅做了恒等映射,至少网络性能不会下降,实际上残差不会为 0,这也会使得堆积层在输入特征基础上学习到新的特征,从而拥有更好的性能。残差学习单元如图 5-4 所示。

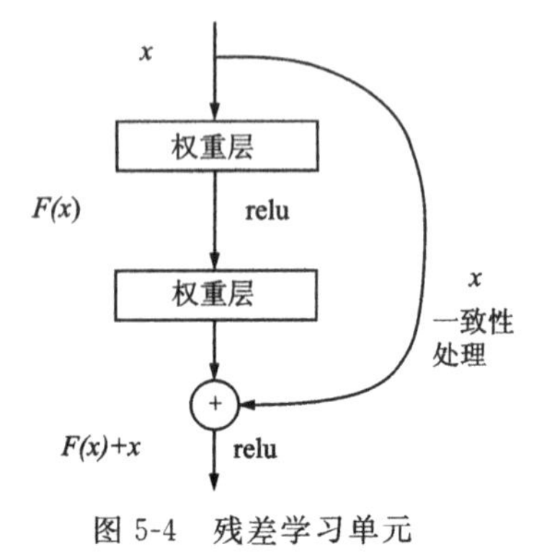

图 5-4 残差学习单元

已有文献中对使用不同网络模型评价指标对比见表 5-2。

表 5-2 使用不用网络模型评价指标对比

模型	像素准确率	平均交并比	召回率
FCN	0.741	0.742	0.738
ResNet	0.784	0.756	0.820
ResNetCRF	0.802	0.781	0.807
MDNNet	0.864	0.815	0.867

已有文献中对使用不同网络模型分割建筑结果对比如图 5-5 所示。

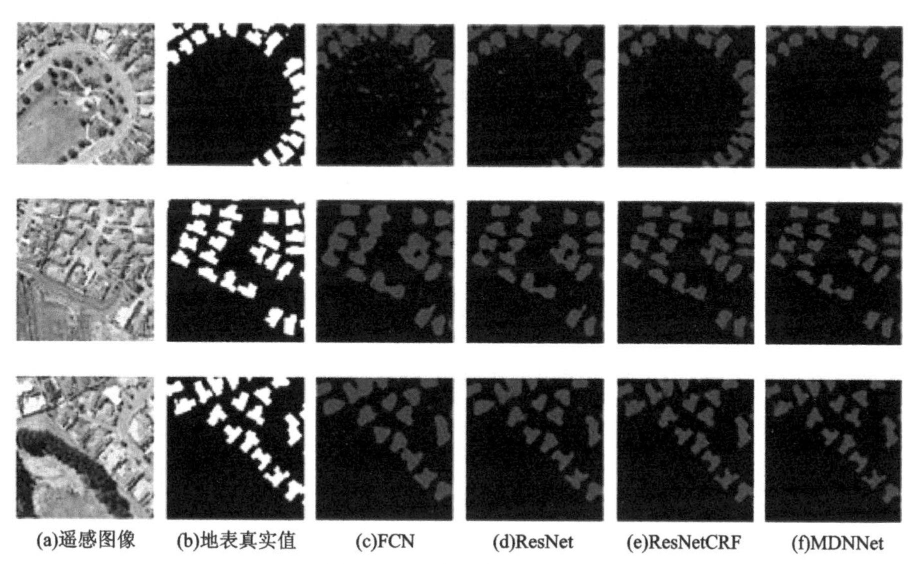

图 5-5 遥感图像分割结果

优点：MDNNet 模型有效提升了建筑物边缘轮廓特征分割精度，实现对不同尺寸大小建筑物的自适应提取，分割结果图中建筑物边缘信息的完整性和对不同尺寸大小建筑物的分割效果均明显提升。

缺点：建筑物边界细节与真值图相比差异较大，且模型训练时间长，多尺度特征提取建模不充分，对不同尺寸大小建筑物的自适应提取能力有限。

第六章　自然资源监测信息自动提取

利用不同时期的遥感影像数据，定量分析和确定地表变化的特征与过程。不一致信息自动提取的方法主要包括图像直接比较法、分类后结果比较法和直接分类法。

对自然资源监测不同的信息自动提取方法进行评价分析、研究，选择适合监测对象的信息自动提取方法。

第一节　变化信息的发现

一、图像直接比较法

图像直接比较法是监测信息自动提取最为常见的方法，它是对经过配准的前后两个时相遥感影像中的像元值直接进行运算和变换处理，找出变化的区域。目前常用的图像直接比较法包括图像差值法、光谱特征变异法、假彩色合成法、多波段主成分分析法、波段替换法、变化矢量分析法、波段交叉相关分析以及混合检测法等。

1. 图像差值法

将两个时相的遥感影像相减取绝对值，产生变化信息特征增强的差值图像。图像中未发生变化的地类在两个时相的遥感影像上一般具有相等或相近的灰度值，而当地类发生变化时，对应位置的灰度值将有较大的差别。因此在差值图像上发生地类变化区域的灰度值会与背景值有较大的差别，从而使变化信息从背景影像中显现出来。

2. 光谱特征变异法

同一地物反映在同一时相影像上的信息与其反映在另外时相影像上的光谱信息是一一对应的。将不同时相的影像融合时，如同一地物在不同时相上的信息表现不一致时，那么融合后的影像中此地物的光谱就与正常地物的光谱有所差别。此时称地物发生了光谱特征变异，根据发生变异的光谱特征确定变化信息。

3. 假彩色合成法

由于地表的变化，相同传感器对同一地点所获取的不同时相的影像在灰度上有较大的区别，将前后时相的数据精确配准，再利用假彩色合成的方法，将后时相的一个波段数据赋予红色通道，前时相统一波段赋予蓝色和绿色通道，利用三原色原理，形成假彩色影像。其中，地表未发生变化的区域，合成后影像灰度值接近，而土地利用发生变化的区域则呈现出红色，即判定为变化区域。

4. 多波段主成分分析法

当地物属性发生变化时，必将导致其在影像某几个波段上的值发生变化，所以只要找出两时相影像中对应波段值的差别并确定这些差别的范围，便可发现变化信息。

将前后时相影像各波段组合成一个 2 倍于原影像波段数的新影像，并对该影像做 PC 变换，变换结果前几个分量上集中了两个影像的主要信息，而后几个分量上反映出了前后时相影像的差别信息，因此，通过抽取后几个分量进行波段组合发现变化信息。

5. 波段替换法

利用前后时相影像做假彩 RGB 合成，蓝绿分量用前时相两个波段，R 分量用后时相的波段。在波段组合后的 RGB 假彩色图像上，红色区域即为变化区域。波段替换法发现变化区域示意图如图 6-1、图 6-2 所示。

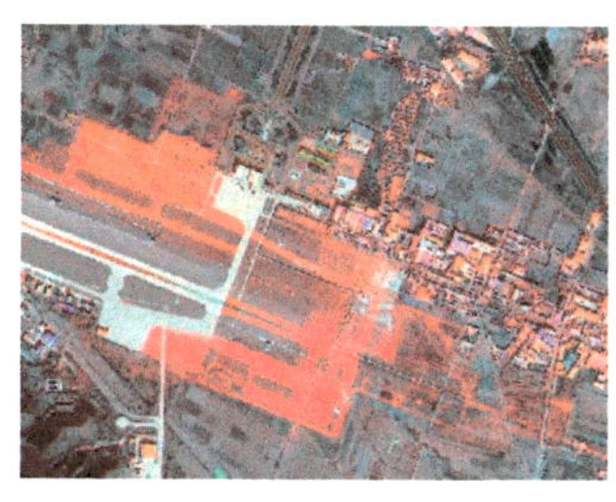

图 6-1　波段替换法发现变换区域 1 示意图

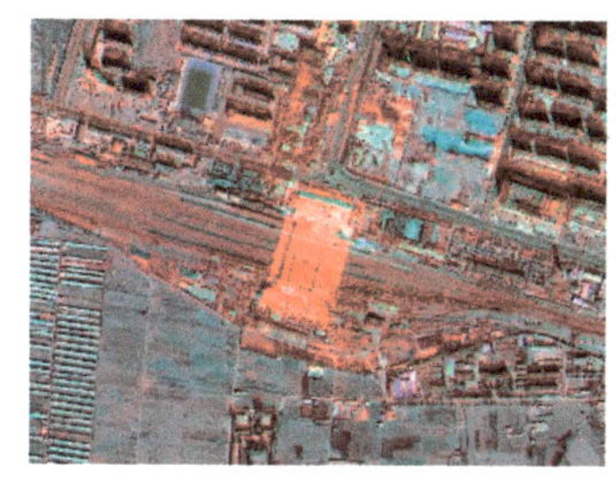

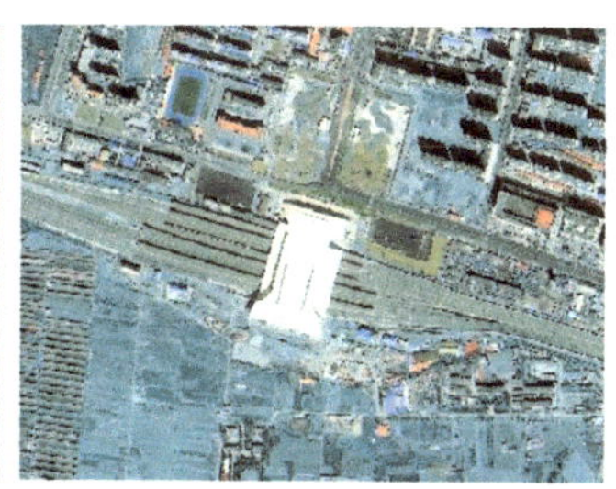

图 6-2　波段替换法发现变换区域 2 示意图

二、分类后结果比较法

分类后结果比较法是分别对经过配准的两个时相的遥感影像进行分类，然后比较分类结果并得到变化检测信息。虽然该方法的精度依赖于分类时的精度和分类体系的一致性，但在实际应用中仍然非常有效，该方法的核心是基于分类基础上发现变化信息——土地利用转移矩阵。

首先用统一分类体系分别对前后时相遥感影像单独分类，然后通过对分类结果进行比较直接发现变化信息。

三、直接分类法

遥感影像直接分类法同时结合了图像直接比较法和分类后结果比较法的思想，常见的方法有：多时相主成分分析后分类法、多时相组合后分类法等。

第二节 变化图斑提取

通过对比前后时相高分辨率遥感影像，提取影像特征不一致的影像地物信息，并更新自然资源图斑属性。前后时相影像对比如图 6-3、图 6-4 所示。

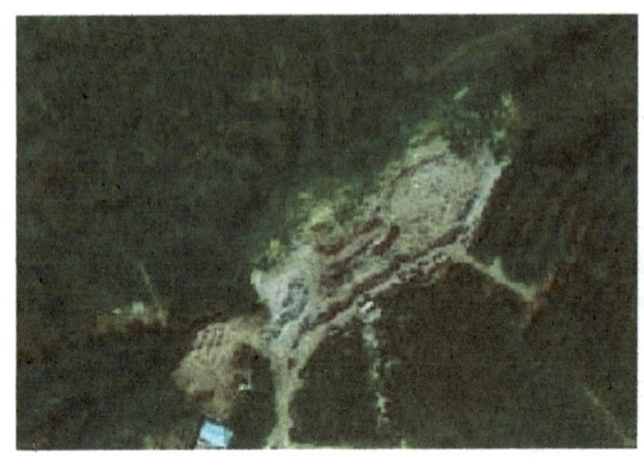

图 6-3 前后时相影像对比 1

图 6-4 前后时相影像对比 2

变化信息自动提取技术主要包括阈值法、分类法、人工目视解译等。

一、阈值法

根据直方图和影像特征，交互确定变化区域灰度域的上、下阈值，然后利用阈值将发生变化的区域从图像中提取出来。

二、分类法

通过分析变化信息寻找处理结果图像的影像特征，结合土地利用现状图等专题资料，确定图像中变换信息的真伪，然后从确实发生变化的区域选择样区，用监督分类法对处理结果图像的变化区域进行分类，提取变化范围。

三、人工目视解译

在计算机自动提取的基础上，通过人机交互解译，从变化信息特征增强的处理结果图像中手工描绘出变化区域。

对发现的不一致图斑，当前后时相不一致位置与自然资源底库图斑界线一致时，直接修改自然资源图斑属性；当前后时相不一致位置与自然资源底库图斑界线不一致时，直接勾绘新图斑，并填写图斑属性。监测图斑新增边界线与DOM上同名地物的位移不得大于图上0.3mm。

第三节　结　论

遥感图像变化检测是根据不同时期两幅图像的颜色和纹理差异，定性、定量分析变化区域和变化程度，在城市数字化更新、国土监测、土地利用调查等领域应用广泛。传统遥感图像变化检测采用差值、比值、几何结构特征分析等不同方法对变化区域进行提取，存在图像预处理过程要求严格、某些地物颜色和纹理信息相似导致错分等问题。

第七章　示范区自然资源调查监测

第一节　工作流程

根据项目统一部署，各类自然资源种类覆盖情况、资料收集情况等，选取示范区，对自然资源调查监测技术方法进行应用示范，主要包含收集示范区地形图，国土资源调查、各专项调查、地理国情普查、生态地质环境调查等资料，遥感影像资料，结合示范区自然资源调查监测的需要，充分、合理利用前人调查、研究成果，根据遥感解译调查内容及精度要求和实际情况，对示范区进行应用示范。工作流程如图 7-1 所示。

第二节　前期准备

一、示范区选取

示范区位于清水河东侧，地势由东北向西南平缓倾斜，地势平坦。境内土壤处于褐土与栗钙土两个地带土壤类型过渡地段，土壤剖面不具典型性，东部山坡地以栗钙土居多，西南部以淡栗钙土为主，西部河漫滩、洪积扇洼地为草甸土。自然植被有苇、拉草、荆棘、沙棘、莠草、沙莲等，林木以松、柏、杨、柳、榆、槐为主。粮食作物主要有玉米、高粱、谷子、黍子及豆类等。铁路、公路、机场齐全。

二、调研及资料收集

1. 调研

通过对自然资源部、中国国土勘测规划院及有重要工作经验的高校进行调研，充分了解及学习当下各类自然资源调查监测评价的技术方法及未来工作需求。

通过与自然资源、林业、水利、海域海岛等部门就已有自然资源调查成果情况进行沟通。了解各部门在自然资源数据管理方面的需求和宏观决策需求。

多方面调查研究示范区的具体情况，包括示范区地形地貌、自然资源、气候、支柱产业、特色农业等，为自然资源调查监测工作的开展打下坚实的基础。

2. 示范区资料收集

本项工作需要大量的相关资料作基础，首先收集自然资源统一调查的基础资料，主要来源于自然资源、环保、农业、林业、水利、海域海岛等部门及试点区域涉及的水库、公园等管理机构。

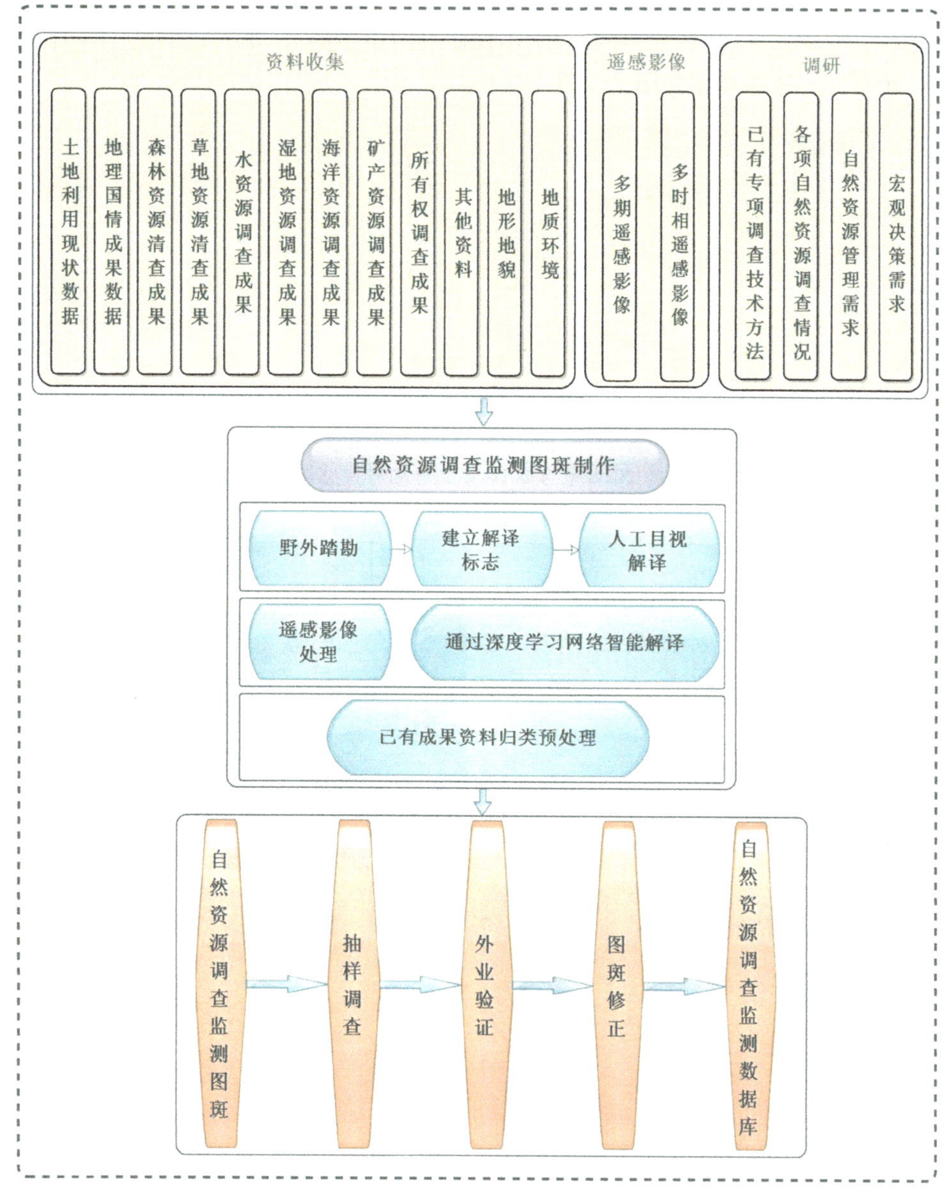

图 7-1　示范区自然资源调查监测总体流程图

收集资料内容主要包括：

(1)自然资源统一调查成果，含土地利用现状数据、水利普查成果、森林资源清查成果、草地资源清查成果、水资源调查成果、湿地资源调查成果等。

(2)权属来源材料，含农村集体土地所有权确权登记数据、城镇国有建设用地以外的国有土地使用权登记成果、《土地权属界线协议书》《土地权属界线争议原由书》等调查成果、林权登记成果、草地登记成果、水资源登记成果、湿地登记成果、用地审批资料及其他材料。

(3)公共管制及特殊保护相关资料，含生态保护红线、生态公益林、湿地保护和其他自然保护区划定成果数据、临时用地数据、城市规划数据、城市开发边界数据、开发园区数据、重要项目用地数据，试点区域涉及的公园审批、规划文件等。

(4)示范区自然资源调查监测以国产卫星高分二号卫星的遥感数据为最主要的数据源。同时尽量收集各种遥感图像，如不同时相、不同波段的卫星图像，不同比例尺、不同种类的航空图像等。示范区遥感影像图如图 7-2、图 7-3 所示。

图 7-2　示范区 2018 年与 2020 年高分二号遥感影像图(部分区域)

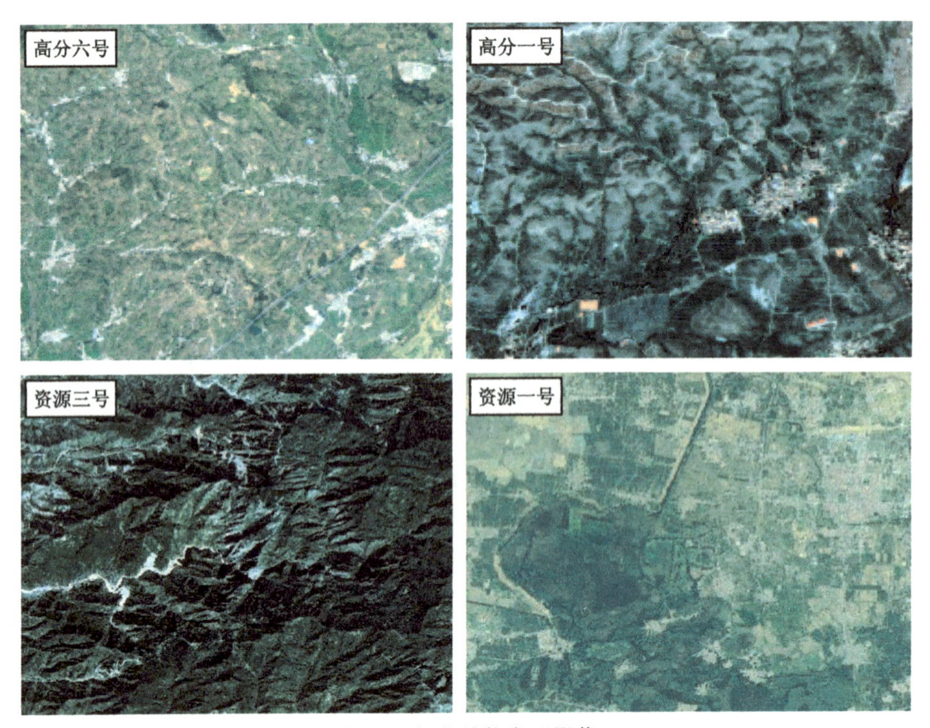

图 7-3　部分其他类型影像

3. 示范区已有资料分析

依据示范区的地理位置、地形地貌、气候环境、特色产业，以及土地资源、矿产资源、能源资源、水资源、生物资源等基本信息，对收集到的示范区遥感影像、矢量及表格、纸质等资料进行分析。

综合利用示范区的多种遥感图像进行解译，取长补短，获取更多的信息。同时，对已收集到的三调成果、专项调查成果资料进行数据分析，了解不同自然资源调查方法下各类自然资源点的分布情况，包括国土调查中自然资源类型及分布；林地专项调查中的林地类型(乔木、疏林、特灌等)，优势树种(侧柏、果杏、荆条、油松等)的分布；草地专项调查中的草地类型(暖性灌草丛、温性草原类等)、草种类(羊草、旱生杂类草等)。

第三节　解译标志建立及验证

分析地域情况及地物光谱特征,建立并完善各专题的遥感解译标志。

一、解译标志及其验证

根据不同的地物光谱特征及地域情况,对自然资源调查监测区域进行土地利用结构和分布特征分析,并根据遥感影像资料建立地类影像解译标志,尽可能详尽、准确,为室内判读提供依据。

在全面了解遥感影像时相、分辨率、波段组合、影像质量及作业区域、人文、地理和土地利用概况的基础上,进行野外踏勘。依据自然资源分类标准,通过综合分析,依据遥感影像特征,建立自然资源分类遥感影像解译标志。

各类解译标志通常可分为直接标志和间接标志。间接标志是通过与之相联系的内在因素表现出来的特征,推理判断其属性,标志与目标间不直接对应。在遥感图像上能直接见到的形状、大小、色调、阴影、花纹等影像特征,称作直接解译标志。在自然资源调查监测工作分类解译中通常采用的是直接解译标志。根据已知地质灾害点或野外踏勘资料,以遥感影像为依据,以自然资源调查监测工作分类在遥感图像上的颜色、形态、纹理图案为要素,建立自然资源调查监测工作分类的遥感解译标志。将遥感解译标志配合深度卷积神经网络,通过训练数据自动学习特征,进行工作分类得到比较合适的精度,利用深度学习得到的参数信息对示范区全图按照解译标志进行智能遥感解译。

(1)野外踏勘:在全面了解遥感影像时相、分辨率、波段组合、影像质量及作业区域、人文、地理和土地利用概况的基础上,对示范区进行野外踏勘。了解示范区地形地貌、气候变化、工农业生产、物产供给、自然资源分布、矿产分布等情况,为项目工作部署提供依据。同时对各专项调查成果质量及各种资料进行核查,确定新体系下资料可供利用程度,以便进一步建立解译标志。

(2)建立影像解译标志:依据自然资源分类标准,根据不同的地物光谱特征及地域情况,对自然资源调查监测区域进行土地利用结构和分布特征分析,根据遥感影像资料建立地类影像解译标志,并尽可能详尽、准确,为室内判读提供依据。

(3)实地验证:对初步解译结果及所有的不确定的疑问点进行野外实地验证。工作量应根据调查目标地物在基础图像上的可解译程度、地质环境条件的复杂程度、前人研究程度、交通和自然地理条件等因素综合考虑确定。

(4)解译标志补充及更正:依据实地验证结果,修正解译标志,舍弃错误或特征不明显的解译标志,为下一步自然资源调查监测提供翔实、精准的依据。

(5)建立深度学习解译模型:通过训练数据自动学习特征,利用深度卷积神经网络对示范区进行智能遥感解译。

二、示范区解译标志及其验证

示范区解译标志及其验证情况见表7-1～7-16。

表 7-1　耕地解译标志及其验证

类型	要素	宏观特征	解译标志	验证
水浇地	色调特征	绿色或土黄色		
	形态特征	块状连片，界线清晰，界边多有路渠，邻近村庄		
	纹理特征	较均匀		
	影像类型	高分二号		
	时相	201710		
旱地	色调特征	黄色、黄白色色调，色调较均匀		
	形态特征	形状规则，边界清晰，多分布于坡地，无灌溉设施		
	纹理特征	纹理较细腻		
	影像类型	高分二号		
	时相	202009		

表 7-2 园地解译标志及其验证

类型	要素	宏观特征	解译标志	验证
果园	色调特征	淡绿色、绿色色调		
	形态特征	纹理较粗，有明显的行距和株距，每株影像呈绿色小颗粒状		
	纹理特征	纹理较粗		
	影像类型	高分二号		
	时相	202009		

表 7-3 林地解译标志及其验证

类型	要素	宏观特征	解译标志	验证
乔木林地	色调特征	深绿色色调		
	形态特征	颗粒状，树木郁闭度高，与周围地类界线分明		
	纹理特征	纹理较粗，颗粒明显		
	影像类型	高分二号		
	时相	201710		

续表 7-3

类型	要素	宏观特征	解译标志	验证
灌木林地	色调特征	绿色色调   		
	形态特征	块状较均匀，不规则分布，位于山区		
	纹理特征	纹理细密，颗粒不明显		
	影像类型	高分二号		
	时相	202009		
其他林地	色调特征	绿色色调   		
	形态特征	颗粒状，界线较为清晰，树木的郁闭度不高		
	纹理特征	纹理稍粗，颗粒明显		
	影像类型	高分二号		
	时相	202009		

表 7-4　草地解译标志及其验证

类型	要素	宏观特征	解译标志	验证
天然草地	色调特征	黄色色调，色调均匀		 
	形态特征	形状不规则，边界较不清晰，分布于居民点周边及坡地		
	纹理特征	纹理较细腻		
	影像类型	高分二号		
	时相	202009		
人工草地	色调特征	绿色色调		 
	形态特征	形状规则，为块状		
	纹理特征	纹理较均匀		
	影像类型	高分二号		
	时相	202009		

表 7-5　湿地解译标志及其验证

类型	要素	宏观特征	解译标志	验证
森林沼泽	色调特征	绿色、黄绿色色调，色调较均匀	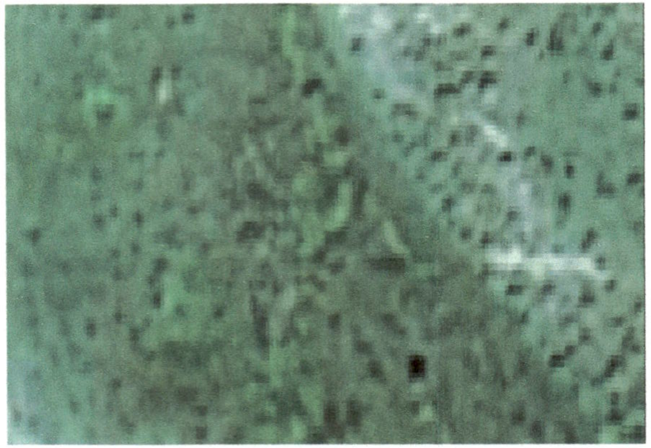	 
	形态特征	颗粒状，形状不规则，边界清晰，分布于河流水系周边		
	纹理特征	纹理较粗		
	影像类型	高分二号		
	时相	202009		
灌丛沼泽	色调特征	绿色、黄绿色色调，色调不均匀	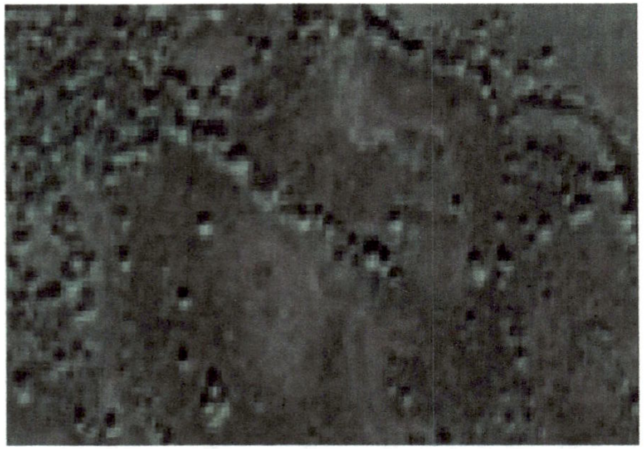	 
	形态特征	边界较清晰，多分布在较平坦的低洼邻水地带		
	纹理特征	纹理粗糙		
	影像类型	高分二号		
	时相	202009		

续表 7-5

类型	要素	宏观特征	解译标志	验证
沼泽草地	色调特征	浅绿色色调	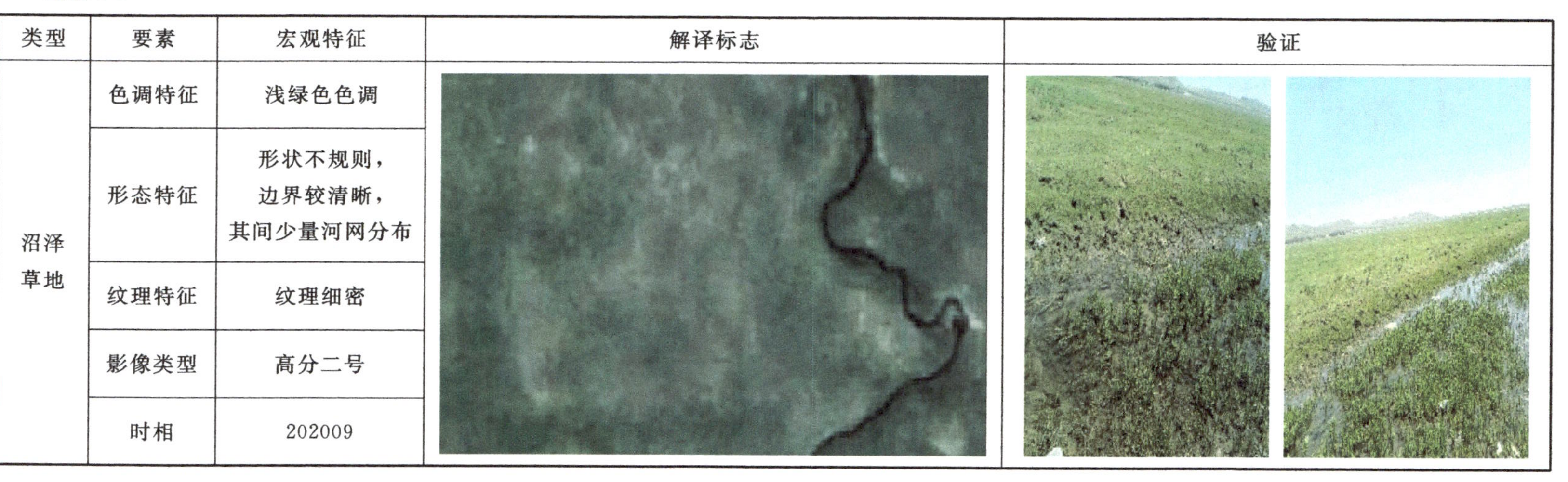	
	形态特征	形状不规则，边界较清晰，其间少量河网分布		
	纹理特征	纹理细密		
	影像类型	高分二号		
	时相	202009		

表 7-6　农业设施建设用地解译标志及其验证

类型	要素	宏观特征	解译标志	验证
乡村道路用地	色调特征	呈土黄色、黄白色色调	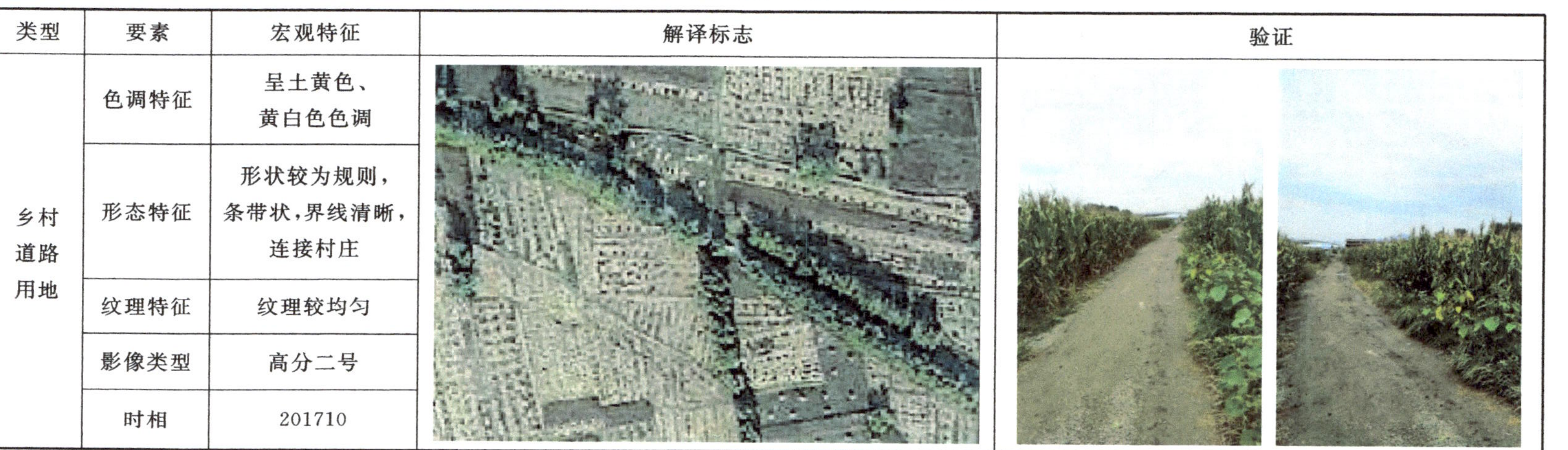	
	形态特征	形状较为规则，条带状，界线清晰，连接村庄		
	纹理特征	纹理较均匀		
	影像类型	高分二号		
	时相	201710		

续表 7-6

类型	要素	宏观特征	解译标志	验证
畜禽养殖设施建设用地	色调特征	多为蓝色、灰白色色调，色调均匀		
	形态特征	形状规则，边界清晰，分布于居民点周边或内部		
	纹理特征	纹理较均匀		
	影像类型	高分二号		
	时相	201710		

表 7-7　居住用地解译标志及其验证

类型	要素	宏观特征	解译标志	验证
城镇住宅用地	色调特征	灰色、灰白色色调		
	形态特征	形状规则，边界清晰		
	影像类型	高分二号		
	时相	201710		

续表 7-7

类型	要素	宏观特征	解译标志	验证
农村宅基地	色调特征	土黄色、黄白色色调		
	形态特征	形状规则，界线清晰，有院落		
	影像类型	高分二号		
	时相	202009		

表 7-8　公共管理与公共服务用地解译标志及其验证

类型	要素	宏观特征	解译标志	验证
机关团体	色调特征	灰色色调，色调较均匀	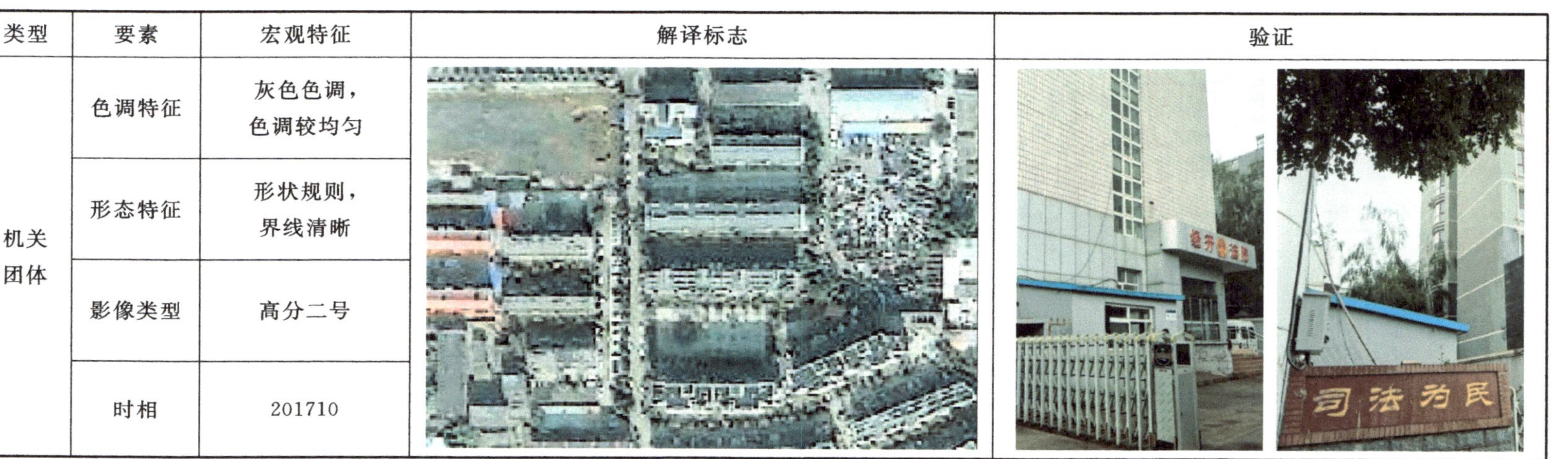	
	形态特征	形状规则，界线清晰		
	影像类型	高分二号		
	时相	201710		

续表 7-8

类型	要素	宏观特征	解译标志	验证
医疗卫生用地	色调特征	灰色色调，色调较均匀		
	形态特征	形状规则，边界清晰，多分布于居民点内部		
	影像类型	高分二号		
	时相	201710		

表 7-9　商业服务业用地解译标志及其验证

类型	要素	宏观特征	解译标志	验证
商业用地	色调特征	灰色色调		
	形态特征	边界较为清晰，形状较为规则，分布于居民点内部或周围		
	影像类型	高分二号		
	时相	201710		

表 7-10　工矿用地解译标志及其验证

类型	要素	宏观特征	解译标志	验证
工业用地	色调特征	多为蓝色、红色、灰白色色调，色调均匀		
	形态特征	形状规则，边界清晰，多分布于居民点内部或周边		
	影像类型	高分二号		
	时相	201710		
采矿用地	色调特征	多为灰白色调，色调不均匀		
	形态特征	大多形状不规则，一般远离居民点		
	影像类型	高分二号		
	时相	201710		

续表 7-10

类型	要素	宏观特征	解译标志	验证
盐田	色调特征	色调较均匀		
	形态特征	形状规则，边界较清晰，格子分布		
	影像类型	高分二号		
	时相	201710		

表 7-11　仓储用地解译标志及其验证

类型	要素	宏观特征	解译标志	验证
物流仓储	色调特征	多为蓝色、灰白色色调，色调均匀	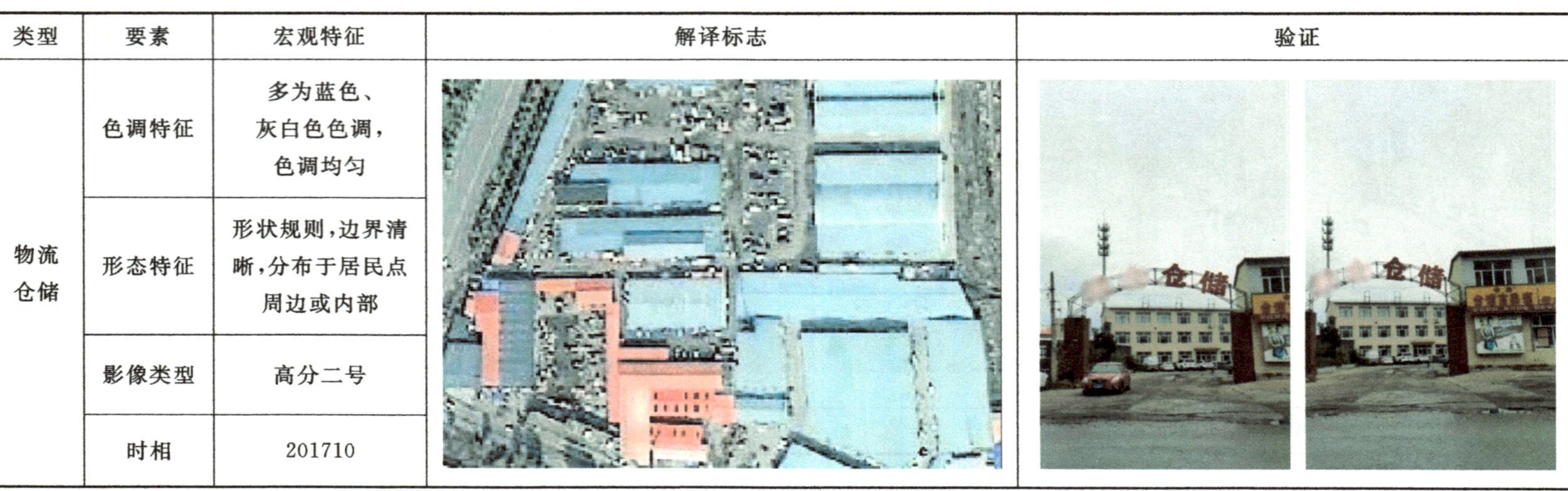	
	形态特征	形状规则，边界清晰，分布于居民点周边或内部		
	影像类型	高分二号		
	时相	201710		

表 7-12　交通运输解译标志及其验证

类型	要素	宏观特征	解译标志	验证
公路用地	色调特征	灰白色、亮白色调		
	形态特征	形状较均匀，呈现为一定弧度的条带状，路两旁有林带		
	纹理特征	纹理较均匀		
	影像类型	高分二号		
	时相	201710		
机场用地	色调特征	灰白色、亮白色调		
	形态特征	形状较均匀		
	纹理特征	纹理较均匀		
	影像类型	高分二号		
	时相	201710		

续表 7-12

类型	要素	宏观特征	解译标志	验证
城镇道路用地	色调特征	灰色色调		
	形态特征	条带状，宽度均匀，边界清晰，位于城镇村内部		
	纹理特征	纹理较均匀		
	影像类型	高分二号		
	时相	201710		
交通场站用地	色调特征	灰白色调		
	形态特征	形状规则，边界清晰，紧邻道路，常有车辆停靠		
	纹理特征	纹理均匀		
	影像类型	高分二号		
	时相	201710		

表 7-13　公共设施用地解译标志及其验证

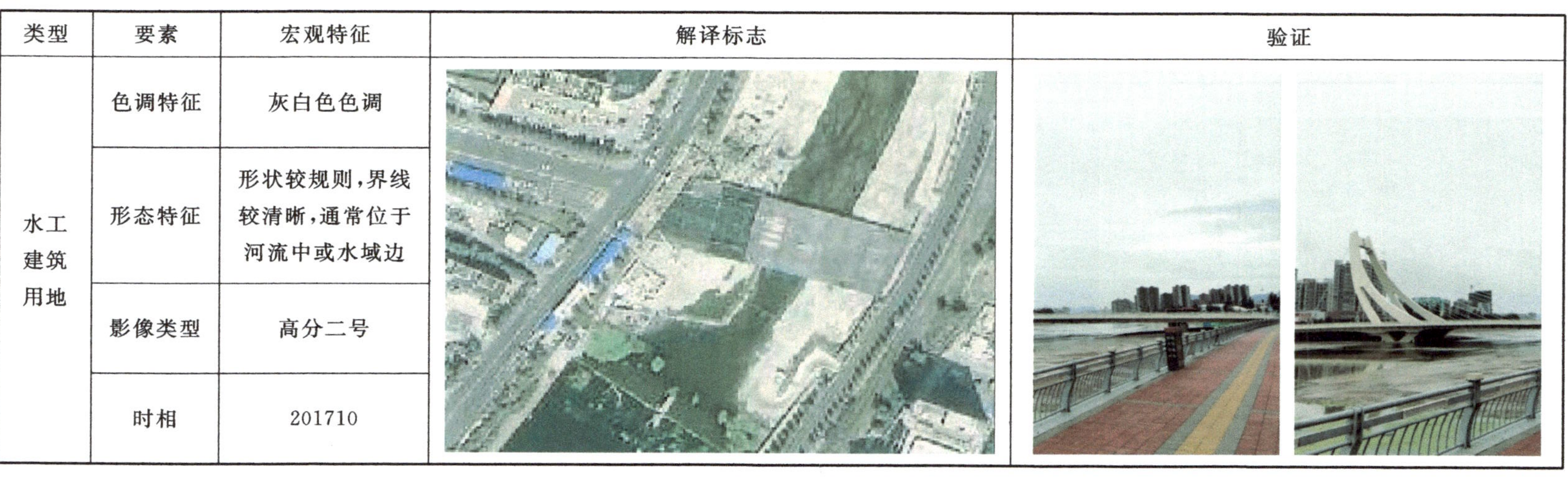

类型	要素	宏观特征	解译标志	验证
水工建筑用地	色调特征	灰白色色调		
	形态特征	形状较规则，界线较清晰，通常位于河流中或水域边		
	影像类型	高分二号		
	时相	201710		

表 7-14　绿地与开敞空间用地解译标志及其验证

类型	要素	宏观特征	解译标志	验证
公园绿地	色调特征	整体呈绿色色调		
	形态特征	界线较清晰，形状较规则，格局较优美。位于居民点内部		
	纹理特征			
	影像类型	高分二号		
	时相	201710		

表 7-15　陆地水域解译标志及其验证

类型	要素	宏观特征	解译标志	验证
河流水面	色调特征	淡绿色、绿色色调，色调均匀		 
	形态特征	纹理细腻，条带状，边界较清晰		
	纹理特征	纹理细腻，均匀		
	影像类型	高分二号		
	时相	201710		
湖泊水面	色调特征	绿色、蓝绿色色调		 
	形态特征	块状，边界清晰		
	纹理特征	纹理细腻，均匀		
	影像类型	高分二号		
	时相	201710		

续表 7-15

类型	要素	宏观特征	解译标志	验证
水库水面	色调特征	绿色色调，色调均匀		
	形态特征	面状，边界清晰，一侧有水工建筑纹理		
	纹理特征	纹理细腻，均匀		
	影像类型	高分二号		
	时相	201710		
坑塘水面	色调特征	绿色色调，色调均匀		
	形态特征	形状规则，边界清晰，分布于居民点周边或农用地内部		
	纹理特征	纹理细腻，均匀		
	影像类型	高分二号		
	时相	202009		

续表 7-15

类型	要素	宏观特征	解译标志	验证
沟渠	色调特征	灰白色、灰色色调		 
	形态特征	条带状，形状规则，界线清晰。分布于耕地内部或周围		
	纹理特征	纹理均匀		
	影像类型	高分二号		
	时相	202009		

表 7-16　其他土地解译标志及其验证

类型	要素	宏观特征	解译标志	验证
盐碱地	色调特征	灰绿色色调，色调不均匀		 
	形态特征	形状不规则，界线较清晰		
	纹理特征	纹理粗糙		
	影像类型	高分二号		
	时相	201710		

续表 7-16

类型	要素	宏观特征	解译标志	验证
裸岩石砾地	色调特征	灰色、灰白色、棕黄色色调	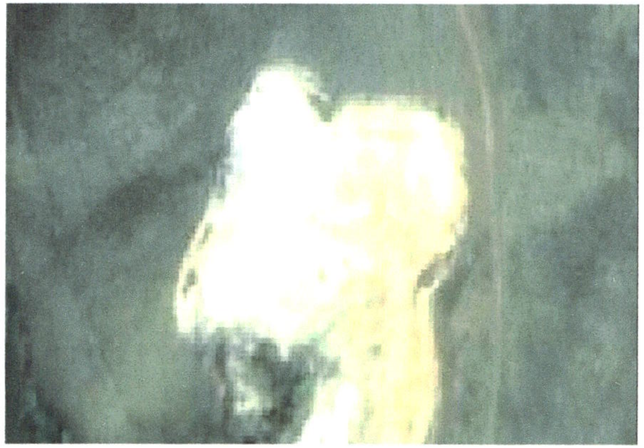	 
	形态特征	形状不规则，纹理粗糙，边界不明显，多分布于山体或沟谷		
	纹理特征	纹理粗糙		
	影像类型	高分二号		
	时相	202009		

第四节 自然资源调查

依据自然资源部发布的《自然资源调查监测体系构建总体方案》及自然资源部办公厅关于印发《自然资源调查监测标准体系（试行）》的通知、《自然资源三维立体时空数据库建设总体方案》的通知、《国土空间调查、规划、用途管制用地用海分类指南（试行）》、《第三次全国国土调查工作分类》、《国土空间调查、规划、用途管制用地用海分类与“三调”工作分类对接情况》、《第三次全国国土调查工作分类与三大类对照表》等文件要求，对数据进行预处理。

分析地域情况及地物光谱特征，建立遥感影像解译标志。将前述收集到的资料进行融合，作为自然资源调查的先验知识，在此基础上进行自然资源信息自动提取与人工目视解译。融合数据叠加分析结果与信息自动提取结果，辅助开展人工目视解译，并通过野外验证修正自然资源调查结果，得到自然资源调查图斑数据。

一、基础数据处理

依据文件要求，将收集到的示范区“三调”成果数据、地理国情成果数据、森林资源清查数据、草地资源清查数据、水源调查数据、湿地资源调查成果、海洋资源调查成果、矿产资源调查成果等专项调查成果，依照自然资源调查内容衔接表，进行归类预处理。

二、信息自动提取

示范区自然资源调查信息自动提取流程图如图 7-4 所示。

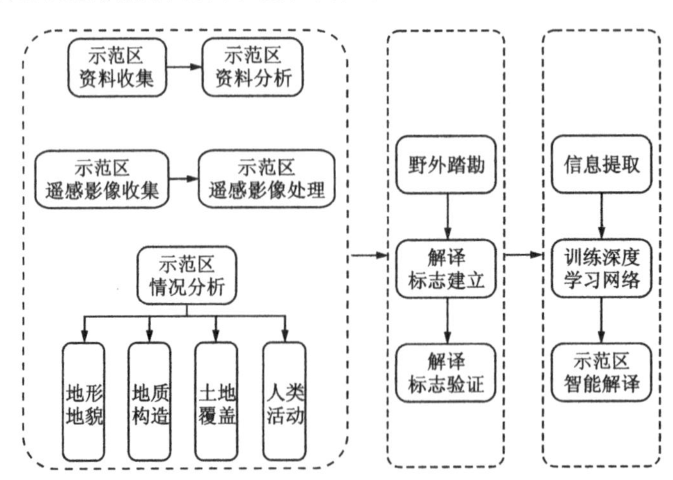

图 7-4 示范区自然资源调查自动提取流程图

信息自动提取是一种综合利用图像的影像特征（波谱特征，包括色调和色彩）和空间特征（形状、大小、阴影、纹理、图形、位置和布局），与多种非遥感信息资料组合，运用其相关规律，进行由此及彼、由表及里、去伪存真的综合分析和逻辑推理的思维过程。

大数据、人工智能、北斗定位等技术的快速发展与融合应用，使基于影像的地表覆盖及变化信息高精度、自动化提取成为可能；基于多源数据的定量遥感反演技术，为提取相关自然资源参数提供了先进手段。

信息提取过程分为 4 个阶段，分别为：初步解译、详细解译、综合解译、成果分析。

第一阶段:初步解译。

在资料收集、整理、分析的过程中,结合对照遥感图像,形成专题因子的遥感影像解译标志,并对图像进行初步解译,编制反映专题因子遥感解译成果的初步解译图。示范区部分区域高分二号遥感影像图如图 7-5 所示。

图 7-5　示范区高分二号遥感影像图(部分区域)

解译标志配合深度学习模型对示范区智能解译,示范区部分区域智能解译结果如图 7-6 所示。

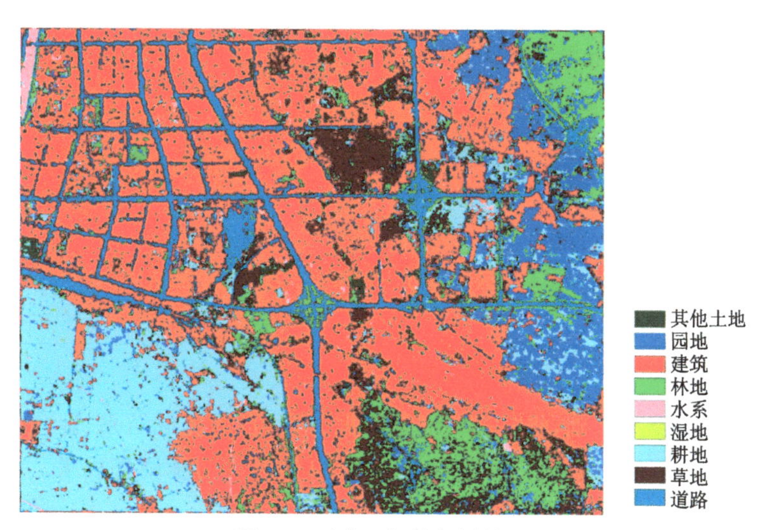

图 7-6　示范区智能解译结果

第二阶段:详细解译。

在前期工作的基础上应进行专题详细解译。详细解译的任务是进一步完善专题因子的详细解译标志,按任务书要求修改遥感初步解译图,编制专题遥感详细解译图,详细解译成果是指导开展专题地面调查的主要资料依据。示范区部分区域遥感详细解译图如图7-7所示。

图7-7　示范区遥感详细解译图
（部分区域）

第三阶段:综合解译。

综合解译应在野外检查验证工作基本完成后进行。结合野外检查验证和地面测量成果,对详细解译成果进行综合对比分析,进一步修改完善,编制遥感综合解译成果图,为下一步编制区域专题勘查成果图件提供遥感解译成果资料。

第四阶段:成果分析。

对解译成果进行综合分析,分析不同要素特征的空间分布特征。为验证深度学习研究方法在中分辨率遥感影像分类中的可行性,将其分类结果与传统监督法分类结果进行对比分析。传统监督方法分类结果中,地物斑块多呈破碎状分布,而且由于同谱异物或同物异谱现象的存在,地物像元混分现象较为严重,而基于深度学习技术的遥感分类方法则有效抑制了地物混分现象;同时也在一定程度上减少了分类结果出现的“椒盐”噪声。由此可见,该方法在中分辨率遥感影像地物分类应用研究中具备较高的可行性,能够满足研究的基本需要。示范区监督方法和深度学习方法监测结果如图7-8所示。

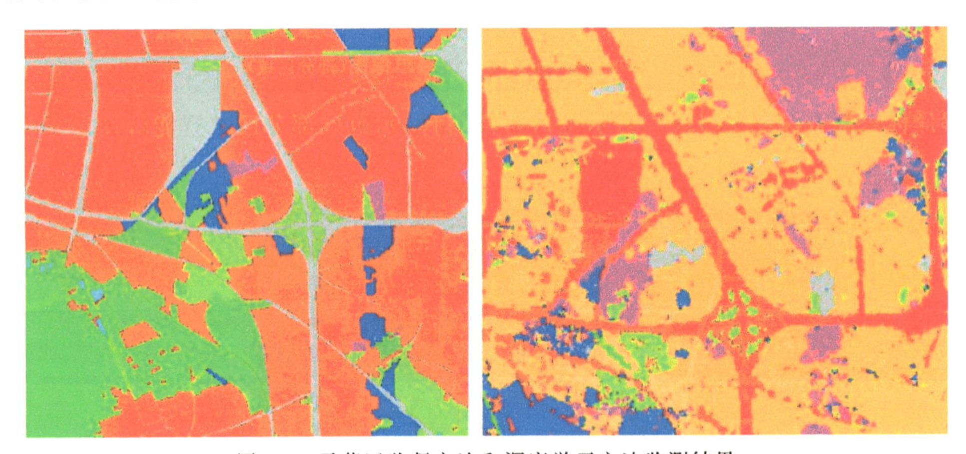

图7-8　示范区监督方法和深度学习方法监测结果

三、自然资源调查图斑制作

以“三调”成果数据为基础,将“三调”成果数据、信息自动提取结果、地理国情成果数据与相应专项调查成果数据进行叠加和关联分析,形成自然资源初步调查成果。自然资源调查图斑制作如图7-9所示。

四、外业验证与结果修正

对自然资源调查内业不能准确判读的图斑进行野外验证。实地拍摄包含定位坐标和拍摄方位角等信息的图斑外业验证照片,报送至统一外业验证平台。

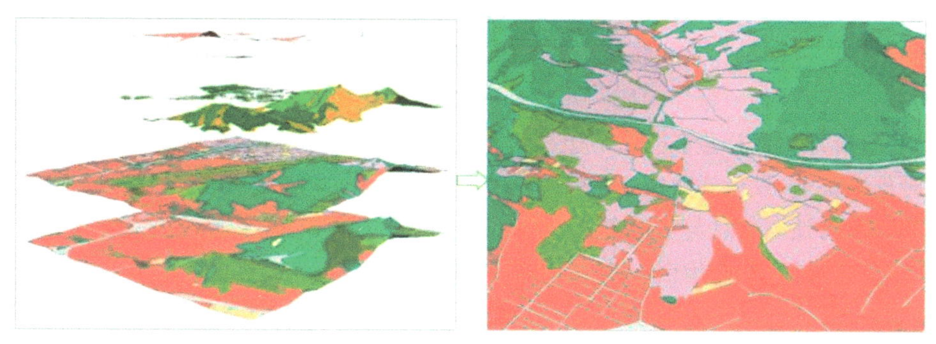

图 7-9　自然资源调查图斑制作

1. 外业验证图斑准备

(1)一致图斑验证。对自然资源调查中依照解译标志及地类特点认定的一致图斑,每种类型选取一定比例的特征图斑,作为野外验证图斑,并制作野外验证记录表。

选取原则:以抽样调查和数理统计理论为基础,对每种自然资源类型抽取一定比例的外业验证图斑。

(2)不一致图斑验证。不一致图斑原则上全部实地举证,并制作野外验证记录表。特殊情况除外。

涉及军事禁区及国家安全要害部门所在地,不得举证;因纠正精度或综合图斑等原因造成的偏移、不够上图面积或狭长地物图斑,可不举证;同一条道路或沟渠等线性地物的图斑,可选择典型地段实地举证,其他地段备注说明。无人类生活活动的区域,如沙漠、戈壁、冰山、森林等无人区,通过影像可以判断地类的,可不举证。

2. 其他准备工作

(1)人员准备。充分考虑任务区域的工作量,根据区域内的地理环境、交通条件和疑问界线的分布情况,合理规划工作小组,所有作业人员须经培训并考核合格方可上岗,具体情况可根据作业单位条件和工作区域特点而定。高山、荒漠及其他困难地区,不得单人作业,每个小组至少需配备 2 名作业人员和 1 名司机。到达任务区后应及时与当地国土部门取得联系,了解当地的情况,并做好安全保障工作。

(2)设备准备。根据具体任务要求,配备生产需要的设备,包括交通工具、通信设备、笔记本电脑、野外验证终端设备、野外数字调查系统。野外数字调查系统的定位精度应在 1m 以内,且不得连接外网。

高山、荒漠及其他困难地区,由于受交通状况和部分区域通讯条件限制,还需配备卫星电话、大功率电台等设备,以保障生产安全。

3. 外业验证

采用“互联网＋”云计算、卫星导航定位等技术,通过外业人员现场定位、数据、照片(视频)实时传输和动态调度,可对野外验证图斑进行“互联网＋”在线验证和野外实地验证,辅助高分辨率遥感影像判读,大幅度提高工作效率及野外验证的准确性,解决以往外业核查持续时间长,准确率低,或因照片、视频质量不佳导致的返工等问题,有利于减少整体工作量,提高效率。

(1)“互联网＋”在线核查。外业人员到达验证图斑地点后,与内业人员进行在线互联,接收内业工作人员的调度和指挥，录制图斑实际情况，并为重点地物拍摄照片。

内业工作人员依据在线互联拍摄的视频及照片，对自然资源图斑地类的正确性进行验证。

(2)基于“互联网＋”野外验证。外业人员携带已安装外业终端软件的外业调查设备去实地，开展自然资源调查待验证图斑的边界测定或图斑验证等工作，并填写验证结果。

在野外验证前，设计好路线，以快速不遗漏为原则，坚持走到、看到、问到、绘到，验证图斑的地类、边界、属性等信息与实地现状是否一致及准确，并拍照或录制视频。

将验证后图斑成果上传至 web 端，将需修改边界的图斑生成矢量数据。

保留举证轨迹，电子数据格式为 GDB 或 MDB，要求完整地记录外业调查和外业举证的工作轨迹。

(3)基于城市兴趣点(POI)验证。利用 POI 数据对城市及周边需要开展外业调查的图斑进行前期室内筛查，验证图斑解译的正确性，适当减少外业工作量。

POI 数据主要是指与人们日常生活密切相关的地理实体，如银行、公司、商场等。POI 数据一般包括名称、类别、经纬度以及地址等基本信息要求描述。POI 数据具有数据量大、获取较便捷、分析方便等特征，可用于辅助自然资源调查监测外业图斑验证。

虽然用 POI 数据识别城市功能区在精确度与可操作性上有所提升，但姜佳怡等(2019)用 POI 数据对上海城市用地进行识别并评估了城市绿地，验证表明结果准确；窦旺胜等(2020)也利用 POI 数据对济南市内 5 个区城市用地功能进行了较为准确的识别。

鉴于 POI 数据的来源主要为高德、百度等互联网地图企业，不同企业的 POI 分类标准有所不同。为了准确区分重要设施或专题设施，需要科学、统一的分类体系，可依据《城市用地分类与规划建设用地标准》(GB 50137—2011)，对 POI 数据进行重分类，分类示意表见表 7-17。

表 7-17　分类示意表

设施类别	包含的设施场所
居住类	住宅、小区及相应服务设施
公共管理类	政府机关、行政办公
公共服务类	图书馆、文化馆、各级院校及科研单位、医疗、体育场、福利院、古迹、宗教、外事用地
商业服务业类	商业、商务、娱乐、油气、电信、邮政等服务设施
工业类	工矿企业
物流仓储类	仓库、附属停车场等
交通类	海陆空场站、停车场等
公用设施类	供电、供水、供气、供热等设施，污水处理，公厕等；消防、防洪
绿地广场类	公园、广场等

利用采集到的示范区 POI 文件，叠加需外业验证的图斑，可减轻外业工作量，提高工作效率。

4. 结果修正

依据实地调查核实资料，对自然资源初步调查成果进行修改编辑。对于存在争议和已发生变化的自然资源调查图斑，在数据编辑时应将实地拍摄的现状照片与相应图斑进行关联。

通过建立客观可靠的解译标志，并经野外调查验证，不断修正和完善，确保成果数据的可靠性。

示范区部分外业图斑分布示意图如图 7-10 所示。

图 7-10 示范区部分外业验证图斑分布示意图

第五节 自然资源监测

通过计算机遥感解译技术自动提取自然资源分布信息，并结合多时相的监测，可快速提取并初步评估影像中自然资源的变化信息，包括动态监测、土地覆盖、变化情况、变化图斑分布及变化类型。相关工作人员可首先利用多期不同时相的高光谱数据进行预处理，包括辐射校正、几何校正和影像配准等；其次根据不同时相影像数据的光谱特征差异自动监测出变化范围；最后以变化范围为基础，结合样本库，对变化范围进行地类判断。

自然资源监测主要分为两种情况：第一种是专题资源监测，第二种是应急资源监测。专题资源监测主要根据《自然资源调查监测标准体系（试行）》中的分类标准对资源进行监测，主要注重于资源识别的准确性，各个资源的监测方法与自然资源调查的提取方法。应急资源监测则是由于自然资源灾害具有种类多、频率高、突发性强、受灾范围广等的特点，强调资源识别的速度，但是相较于准确性，应急资源监测更注重时效性，因此获取的卫星影像质量相对较差，更需要有经验的遥感图像解译人员去辅助解读。

一、变化信息发现

变化信息发现是指使用深度学习的信息提取技术发现变化信息。深度学习是无监督学习的一种。通过卷积操作提取出良好的特征表达，对最终算法的准确性起了非常关键的作用，但在实际中特征提取一般都是人工完成的，费时费力，并且对专业水准有较高的要求。深度学习可以实现自动特征的筛选及提取。结合所研究自然资源的光谱特征、纹理特征、形状特征、空间关系特征等综合因素，对非监督分类、面向对象、决策树、深度学习等信息自动提取方法进行评价分析，选择适合自然资源调查对象的信息自动提取方法。

传统的变化检测方法只检测场景的变化，不能有效地识别图像场景的类别变化，因为图像中主题目标的变化并不能直接修改图像场景的语义类。因此研究语义层面的场景变化检测的方法是很必要的。在独立分类后比较相应场景的分类标签，或者将场景变化分为一个类。利用多时相遥感数据，采用深度学习语义分割的方式提取变化信息，并定量分析和确定地表变化的特征与过程。

二、变化图斑提取

利用深度学习进行高分辨率遥感图像变化图斑提取取得了显著成果。深度学习模型常由5个部分组成，即输入层、卷积层、池化层、全连接层和输出层。其中卷积和池化层是深度学习神经网络隐藏层的核心组成部分，卷积层主要通过卷积核对要素特征，进行自动提取，而池化操作主要是在卷积操作的基础上，对目标要素的特征进行二次采样，这进一步提高了模型算法的稳健性。基于深度学习方法遥感自动分类即通过模型中的卷积和池化等操作，实现对影像斑块特征集的抽样提取，形成影像斑块特征数据集矩阵，随后指导模型对特征数据集进行深度学习，最终利用从特征数据集中学习到的“经验矩阵”指导模型对影像斑块进行自动分类的过程。

笔者查阅文献了解到更深层的网络模型对于高分遥感数据的特征学习具有优势，选择深度残差网络作为一种极深的网络框架，在精度和收敛等方面都能展现出很好的特性。

选择 ResNetV2 和 InceptionResNetV2 两种较深层的网络模型对示范区进行智能解译。ResNetV2 网络是在 ResNet 基础之上修改的原本的残差块结构。深度残差网络(ResNets)由很多个“残差单元”组成。残差结构与误差损失图如图 7-11 所示。

图 7-11(a)为原始残差单元；图 7-11(b)为 ResNetV2 残差单元；右图为 1001 层 ResNets 在 CIFAR-10 上的训练曲线。实线对应测试误差(右侧的纵坐标)，虚线对应训练损失(左侧的纵坐标)。从已有文献中可知网络深度为 1001 层的 ResNet 网络模型上没有出现梯度消失或梯度爆炸的现象，并且 ResNetV2 网络的误差和损失远低于 ResNet。相比同为深层残差网络模型，优化残差块的 ResNetV2 网络模型能更好地胜任高分遥感图像的智能解译工作。

ResNetV2 是通过加深残差网络结构，加宽网络，足够的宽度可以保证每一层都学到丰富的特征，比如不同方向、不同频率的纹理特征。宽度太窄，特征提取不充分，学习不到足够信息，模型性能受限。但缺点是宽度贡献了网络大量计算量，太宽的网络会提取过多重复特征，加大模型计算负担，这一缺点可以使用硬件设施解决。Inception 模块设计了一种具有优良局部拓扑结构的网络，即对输入图像并行地执行多个卷积运算或池化操作，并将所有输出结果拼接为一个非常深的特征图。因为 1×1、3×3 或 5×5 等不同的卷积运算与池化操作可以获得

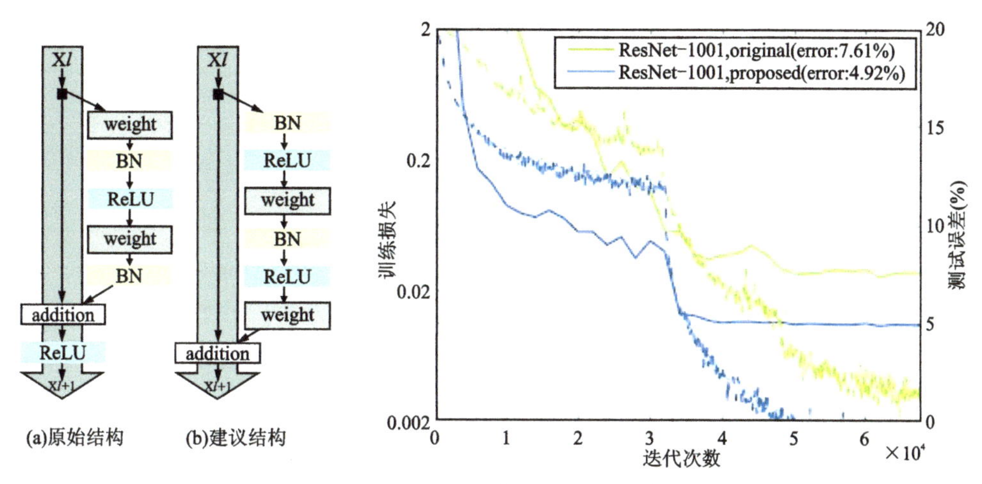

图 7-11 残差结构与误差损失图

输入图像的不同信息,并行处理这些运算并结合所有结果将获得更好的图像表征。在 Inception Module 结构的基础上进一步优化,通过分解因式思想将 Inception Module 中的多维卷积层拆分成多个较小的一维卷积层,从而实现了在缩减模型参数的同时,也有效抑制了模型在训练过程中可能出现的过拟合问题。Inception 结构图如图 7-12 所示。

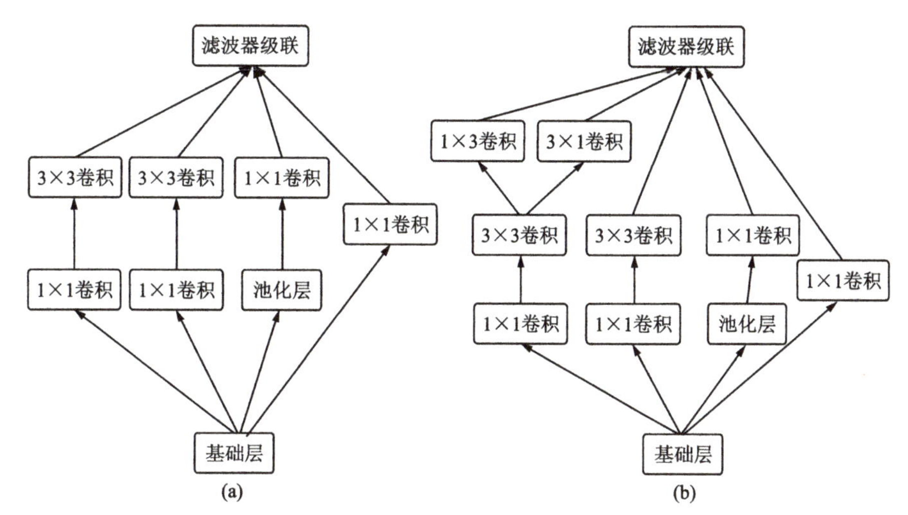

图 7-12 不同的 Inception 结构图

对图 7-12 中的(a)做出几点解释:①采用不同大小的卷积核意味着不同大小的感受野,最后拼接意味着不同尺度特征的融合;②之所以卷积核大小采用 1、3 和 5,主要是为了方便对齐;③网络越到后面,特征越抽象,而且每个特征所涉及的感受也更大了,因此随着层数的增加,3×3 和 5×5 卷积的比例也要增加。

在图 7-12(b)的 Inception 结构中,大量采用了 1×1 的矩阵,主要作用:①对数据进行降维;②引入更多的非线性,提高泛化能力。

受 ResNet 优越性能的启发,研究者提出了一种混合 Inception 模块,称为 Inception ResNet。同时,引入残差连接,它将 inception 模块的卷积运算输出添加到输入上。Inception 残差模块如图 7-13 所示。

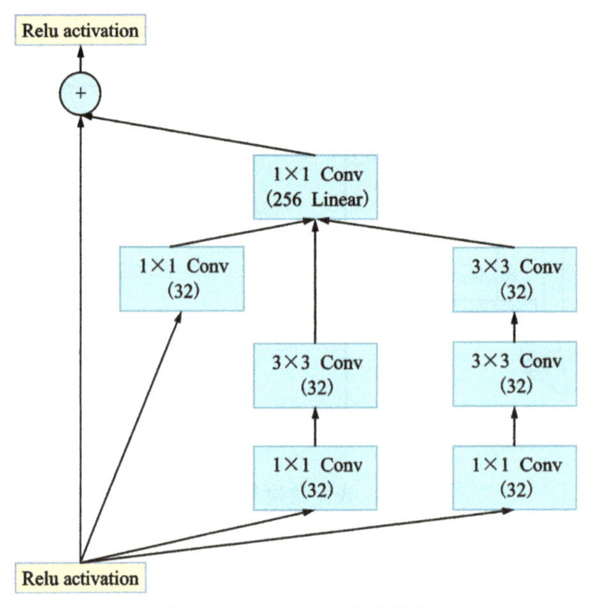

图 7-13　Inception 残差模块

通过 ResNet101V2 和 Inception ResNetV2 两种网络模型对示范区进行智能解译，在本实验中为了防止过拟合提高泛化能力，首先，对实验数据集进行裁剪、镜像、模糊、噪声、旋转等数据扩增操作。其次，为了更好地提高网络分割的精确度，采用迁移学习的方法，利用获得学习到的参数权重文件对示范区全图进行预测。

ResNet101V2 和 Inception ResNetV2 对示范区智能解译部分结果如图 7-14、图 7-15 所示。

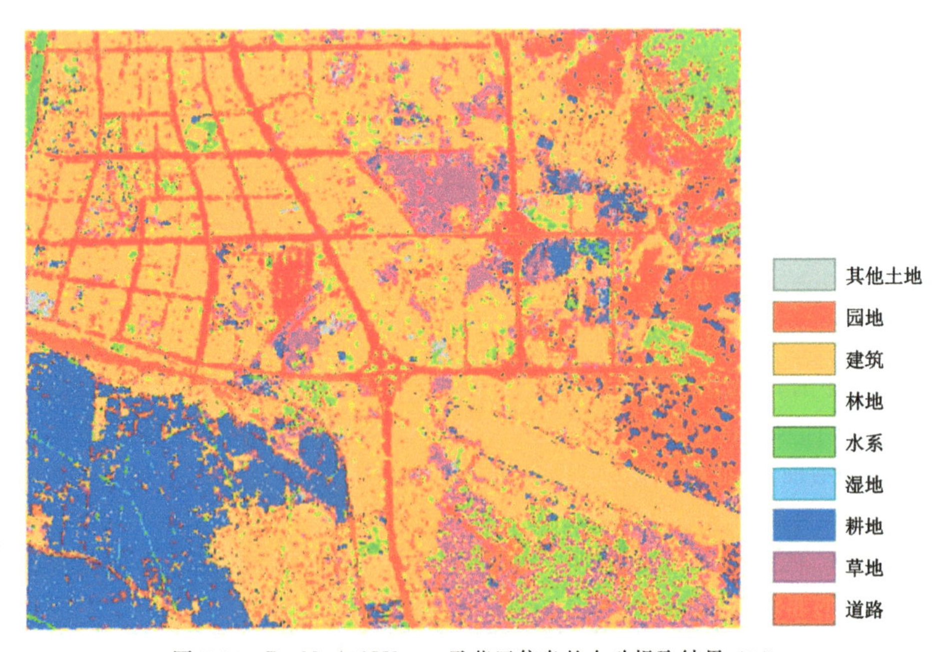

图 7-14　ResNet101V2——示范区信息的自动提取结果(部分)

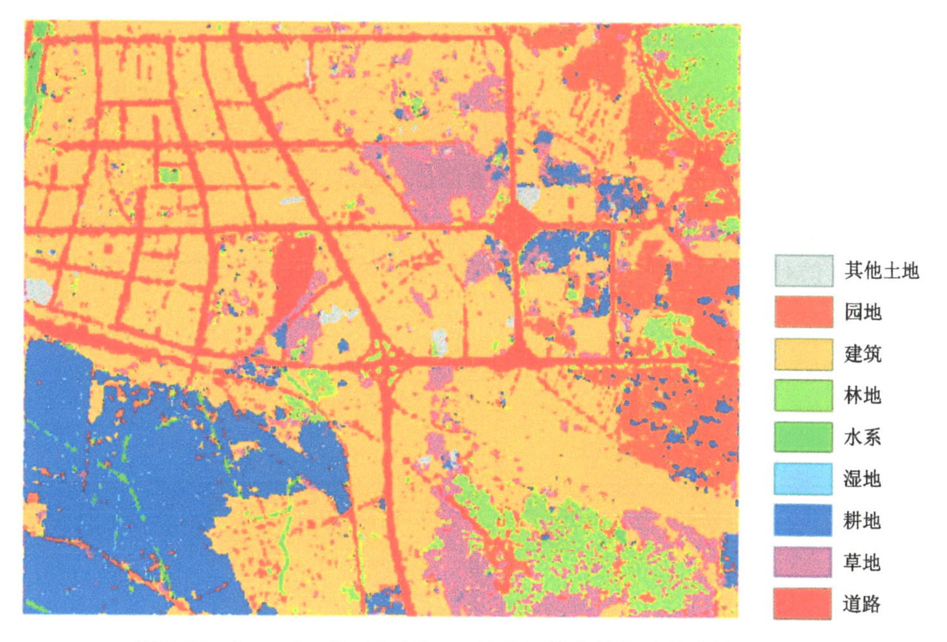

图 7-15　Inception ResNetV2——示范区信息的自动提取结果(部分)

三、外业验证与结果修正

采用"互联网＋"方法对监测图斑进行外业验证,并根据验证结果对图斑进行修正。部分外业验证图斑如图 7-16、图 7-17 所示。

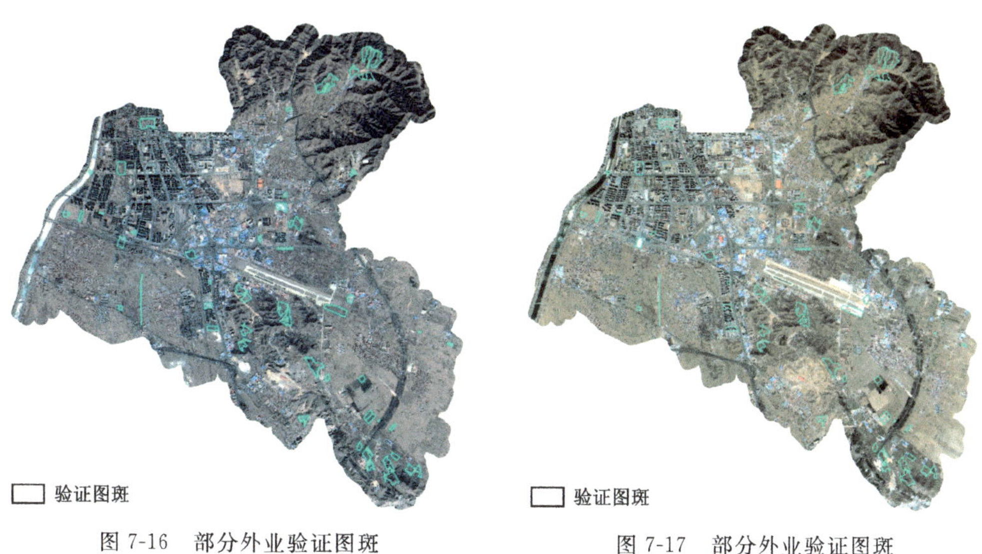

图 7-16　部分外业验证图斑
(背景为 2018 年度影像)

图 7-17　部分外业验证图斑
(背景为 2020 年度影像)

然后通过建立客观可靠的解译标志,并经野外调查验证,不断修正和完善,确保成果数据的可靠性。

四、精度评价

采用混淆矩阵的方式进行精度评价，混淆矩阵是一种可视化工具，通过设立样本区，比较正确分类结果和预期分类结果，将分类精度通过制图精度、用户精度、Kappa 系数量化以便于横向对比。总体分类精度和 Kappa 系数是用来评价遥感分类结果的量化指标，总体分类精度即为样本中所有被正确分类的样本数量之和与验证样本总数的比值，被正确分类样本类别数量即沿混淆矩阵的对角线分布。ResNet101V2 和 Inception ResNetV2 网络模型混淆矩阵可视化图如图 7-18、图 7-19 所示。

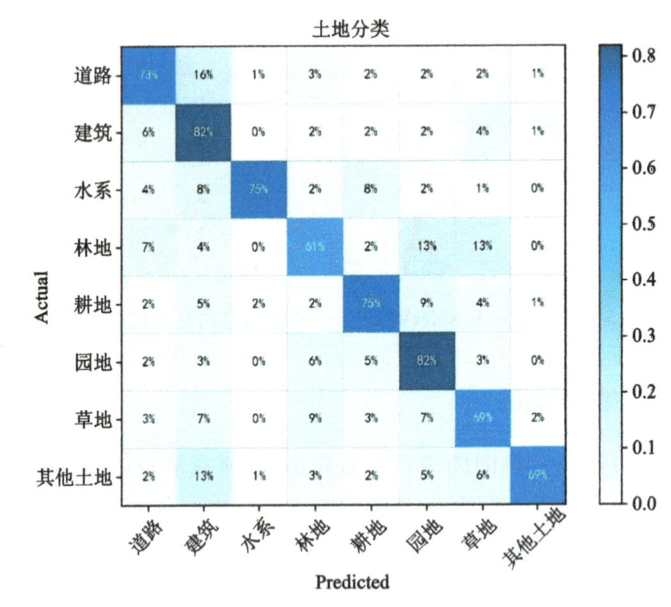

图 7-18　ResNet101V2 网络混淆矩阵可视化图

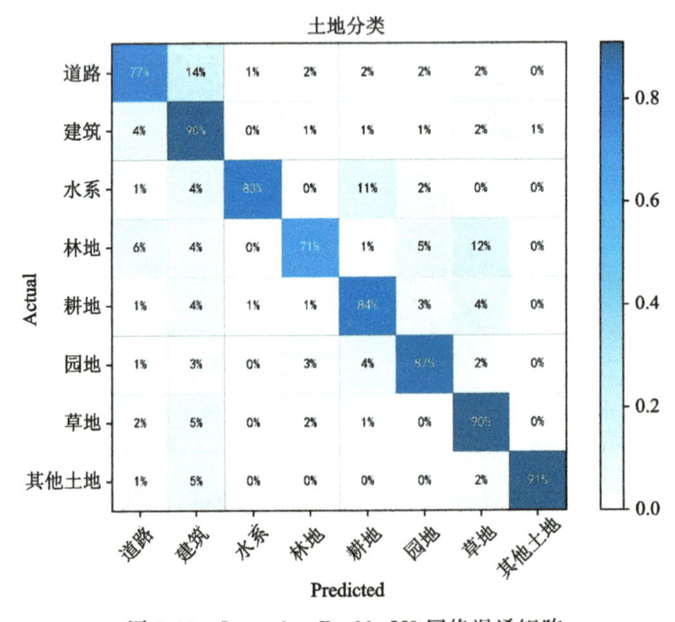

图 7-19　Inception ResNetV2 网络混淆矩阵

表格来源基于 Unet 的高分辨率遥感图像地物分类，见表 7-18。

表 7-18　基于 Unet 的高分辨率遥感图像地物分类

类别	精确值				召回率				F1 分数			
	Unet	Res50-Unet	Res101-Unet	Res152-Unet	Unet	Res50-Unet	Res50-Unet	Res50-Unet	Unet	Res50-Unet	Res50-Unet	Res50-Unet
其他	0.73	0.88	0.91	0.90	0.87	0.89	0.90	0.92	0.83	0.91	0.91	0.91
植被	0.91	0.91	0.93	0.92	0.91	0.91	0.94	0.93	0.90	0.91	0.93	0.92
道路	0.75	0.84	0.89	0.91	0.74	0.81	0.87	0.89	0.78	0.80	0.86	0.88
建筑	0.84	0.87	0.91	0.94	0.88	0.90	0.92	0.93	0.82	0.88	0.91	0.93
水体	0.96	0.98	0.97	0.97	0.88	0.89	0.91	0.90	0.90	0.94	0.95	0.95

表格来源于深度学习 GoogleNet 模型支持下的中分辨率遥感影像自动分类，机器学习与深度学习分类混淆矩阵对比表见表 7-19。

表 7-19　机器学习与深度学习分类混淆矩阵对比表

地物类型	机器学习方法分类结果精度评价				深度学习方法分类结果精度评价			
	错分误差	漏分误差	制图精度	用户精度	错分误差	漏分误差	制图精度	用户精度
不透水层	17.24	11.93	88.07	82.76	10.53	14.14	85.86	89.47
植被	15.79	16.67	83.33	84.21	10.47	4.94	95.06	89.54
水体	14.67	12.33	87.67	85.33	12.87	10.20	89.80	87.13
其他用途	35.71	59.09	40.91	64.29	16.67	31.82	68.18	83.33
总体精度	83				88.33			
Kappa 系数	0.755 0				0.834 2			

示范区 ResNet101V2 和 Inception ResNetV2 网络模型评价指标见表 7-20。

表 7-20　示范区 ResNet101V2 和 InceptionResNetV2 网络模型评价指标表

评价指标	ResNet101V2	Inception ResNetV2
召回率	0.621 478 032 213 278 5	0.747 538 465 498 47
精确率	0.493 855 183 056 516 27	0.636 952 611 214 455 5
F1 值	0.524 473 110 564 695 8	0.672 328 582 979 561 4
Kappa 系数	0.648 143 124 912 395 9	0.798 604 450 488 315 3
准确率	0.744 907 912 537 073 1	0.858 295 060 023 897

本实验采用的深度学习框架为 Keras，基于 Tensorflow 后端，系统为 64 位 Ubuntu18.04 LTS。网络训练与测试硬件平台的 GPU 采用英伟达 NVIDIA GeForce GTX 2080TI，CPU 是 Intel(R) Xeon(R)CPU E5-2683 v4，内存为 64G，固态存储 480G。图像读取保存及其他处理

基于开源软件 OpenCV 和 Gdal 读写空间数据的一套跨平台开源库实现。实验数据集为 9200 张随机采样图片，本实验中迭代次数设置为 200，将对训练集进行 200 次迭代训练，为了提高模型的泛化能力，在每一个 epoch（全部训练数据对模型的一次完整训练）之前，对训练数据进行随机打乱，使其更加符合自然条件下的样本分布。Batch Size 表示每次放入 GPU 进行训练的图像数量，由于受到网络参数以及 GPU 的显存限制，训练的精度会随着 Batch Size（一次训练所选取的样本数）增大而上升。Inception ResNetV2 网络模型研究方法总体分类精度高达 85.82%，Kappa 系数为 0.798 6。总体分类精度和 Kappa 系数均较高。在数据量小的情况下利用 InceptionResNetV2 网络模型接近其他深度学习的结果具备更高的可行性及适用性，这也为今后遥感影像智能化解译研究提供了一种新的视角。深度学习分类方法在中分辨率影像地物分类研究中取得了较好结果，但这是建立在对研究区遥感影像取得较为理想分割参数基础之上的，毕竟遥感影像分割参数选取是否合理，将直接影响到模型最终分类精度的高低。通常不同类型传感器和不同空间分辨率卫星影像分割参数之间存在较大差异，如何针对不同研究区域和不同空间分辨率的卫星影像选取合适的分割参数，还有待进一步研究。

主要参考文献

陈斌,王宏志,徐新良,等,2019.深度学习 GoogleNet 模型支持下的中分辨率遥感影像自动分类[J].测绘通报(6):29-33+40.

戴激光,王杨,杜阳,等,2020.光学遥感影像道路提取的方法综述[J].遥感学报,24(7):804-823.

窦旺胜,王成新,薛明月,等,2020.基于 POI 数据的城市用地功能识别与评价研究——以济南市内五区为例[J].世界地理研究,29(4):804-813.

高晨,2017.基于高分一号影像和 POI 数据的土地功能分类方法研究[D].阜新:辽宁工程技术大学.

关元秀,程晓阳,2008.高分辨率卫星影像处理指南[M].北京:科学出版社.

郭焱州,2020.长沙市城区湿地面积遥感信息提取研究[D].长沙:中南林业科技大学.

韩善锐,韦胜,周文,等,2017.基于用户兴趣点数据与 Landsat 遥感影像的城市热场空间格局研究[J].生态学报,37(16):5305-5312.

何红术,黄晓霞,李红旮,等,2020.基于改进 U-Net 网络的高分遥感影像水体提取[J].地球信息科学学报,22(10):2010-2022.

何志强,2018.基于高分二号影像的面向对象分类技术研究[D].合肥:安徽理工大学.

姜佳怡,戴菲,章俊华,2020.基于 POI 数据的城市功能结构对比研究——以北京、上海为例[J].现代城市研究,35(7):9.

李昌俊,黄河,李伟,2018.基于支持向量机的农业遥感图像耕地提取技术研究[J].仪表技术(11):5-8+48.

林志斌,黄智全,颜林明,2020.基于 Unet 的高分辨率遥感图像地物分类[J].电子质量(11):69-76.

刘常娟,2008.面向对象分类方法在土地调查中的可行性研究[D].长沙:中南大学.

刘金梅,2014.多源遥感影像融合及其应用研究[D].青岛:中国海洋大学.

刘武琼,2010.河北省生态资源数据库的构建与元数据规范模式研究[D].石家庄:河北师范大学.

莫梅,2017.研究三维城市地理信息系统数据库设计要点[J].低碳世界(17):86-87.

邱士可,杜军,马玉凤,等,2019.基于地理国情监测的农业自然资源综合评价方法研究[J].河南科学,37(9):1496-1502.

任冲,2016.中高分辨率遥感影像森林类型精细分类与森林资源变化监测技术研究[D].北京:中国林业科学研究院.

任军,张加恭,2006.土地资源调查的国内外比较研究[J].资源与产业,8(4):113-116.

孙燕霞，2014. 基于高空间分辨率遥感影像的土地利用信息提取[D]. 重庆：重庆交通大学.

唐小明，2010. 森林资源监测技术[M]. 北京. 中国林业出版社.

王海恒，2014. 地理国情监测中遥感图像分类研究[D]. 西安：西安科技大学.

王瀚征，2016. 基于非监督分类与决策树相结合的 30m 分辨率土地利用遥感反演研究[D]. 石家庄：河北师范大学.

王磊，2018. 高分二号卫星遥感影像几何精校正方法研究[D]. 长春：吉林大学.

王利民，刘佳，杨福刚，等，2018. 基于分层非监督分类的油菜面积识别研究[J]. 中国农学通报，34(23)：151-159.

王雅，蒙吉军，齐扬，等，2015. 基于 InVEST 模型的生态系统管理综述[J]. 生态学杂志，34(12)：3526-3532.

吴润，2009. 森林资源综合监测指标体系与评价方法研究[D]. 北京：北京林业大学.

肖婷，2019. 基于第三次全国土地调查的天津市土地利用分裂体系研究[D]. 天津：天津工业大学.

熊子潇，2016. 基于高分一号遥感影像的土地覆盖信息提取技术研究[D]. 南昌：东华理工大学.

徐胜军，欧阳朴衍，郭学源，等，2020. 基于多尺度特征融合模型的遥感图像建筑物分割[J]. 计算机测量与控制，28(7)：214-219.

徐智邦，王中辉，闫浩文，等，2018. 结合 POI 数据的道路自动选取方法[J]. 地球信息科学学报，20(2)：159-166.

杨津龙，2014. 邹城市水资源调查评价与变化情势研究[D]. 泰安：山东农业大学.

詹福雷，2014. 基于面向对象的高分辨率遥感影像信息提取[D]. 长春：吉林大学.

张怀清，鞠洪波，2010. 湿地资源监测技术[M]. 北京：中国林业出版社.

张银辉，赵庚星，2000. 利用 ENVI 软件卫星遥感耕地信息自动提取技术研究[J]. 四川农业大学学报，18(2)：170-172.

张峥，2016. 基于多空间分辨率遥感数据的山区土地利用/土地覆被分类及变化检测[D]. 昆明：云南大学.

赵春霞，钱乐祥，2004. 遥感影像监督分类与非监督分类的比较[J]. 河南大学学报，34(3)：90-93.

赵静，侯佳，刘伟伟，2018. 河北省农业自然资源循环利用评价研究[J]. 中国农业资源与区划（资源利用），39(7)：106-112.

郑树恒，1993. 河北省自然资源的特征与评价[J]. 河北师范大学学报(4)：77-80.

附录1:国土空间调查、规划、用途管制用地用海分类(试行)

用地用海分类名称、代码和含义

代码	名称	含义
01	**耕地**	指利用地表耕作层种植农作物为主,每年种植一季及以上(含以一年一季以上的耕种方式种植多年生作物)的土地,包括熟地,新开发、复垦、整理地,休闲地(含轮歇地、休耕地),以及间有零星果树、桑树或其他树木的耕地;包括南方宽度<1.0m,北方宽度<2.0m固定的沟、渠、路和地坎(埂);包括直接利用地表耕作层种植的温室、大棚、地膜等保温、保湿设施用地
0101	水田	指用于种植水稻、莲藕等水生农作物的耕地,包括实行水生、旱生农作物轮种的耕地
0102	水浇地	指有水源保证和灌溉设施,在一般年景能正常灌溉,种植旱生农作物(含蔬菜)的耕地
0103	旱地	指无灌溉设施,主要靠天然降水种植旱生农作物的耕地,包括没有灌溉设施,仅靠引洪淤灌的耕地
02	**园地**	指种植以采集果、叶、根、茎、汁等为主的集约经营的多年生作物,覆盖度大于50%或每亩株数大于合理株数70%的土地,包括用于育苗的土地
0201	果园	指种植果树的园地
0202	茶园	指种植茶树的园地
0203	橡胶园	指种植橡胶的园地
0204	其他园地	指种植桑树、可可、咖啡、油棕、胡椒、药材等其他多年生作物的园地,包括用于育苗的土地
03	**林地**	指生长乔木、竹类、灌木的土地。不包括生长林木的湿地,城镇、村庄范围内的绿化林木用地,铁路、公路征地范围内的林木,以及河流、沟渠的护堤林用地

续表

代码	名称	含义
0301	乔木林地	指乔木郁闭度≥0.2的林地，不包括森林沼泽
0302	竹林地	指生长竹类植物，郁闭度≥0.2的林地
0303	灌木林地	指灌木覆盖度≥40%的林地，不包括灌丛沼泽
0304	其他林地	指疏林地（树木郁闭度≥0.1，<0.2的林地）、未成林地，以及迹地、苗圃等林地
04	**草地**	指生长草本植物为主的土地，包括乔木郁闭度<0.1的疏林草地、灌木覆盖度<40%的灌丛草地，不包括生长草本植物的湿地、盐碱地
0401	天然牧草地	指以天然草本植物为主，用于放牧或割草的草地，包括实施禁牧措施的草地
0402	人工牧草地	指人工种植牧草的草地，不包括种植饲草的耕地
0403	其他草地	指表层为土质，不用于放牧的草地
05	**湿地**	指陆地和水域的交汇处，水位接近或处于地表面，或有浅层积水，且处于自然状态的土地
0501	森林沼泽	指以乔木植物为优势群落、郁闭度≥0.1的淡水沼泽
0502	灌丛沼泽	指以灌木植物为优势群落、覆盖度≥40%的淡水沼泽
0503	沼泽草地	指以天然草本植物为主的沼泽化的低地草甸、高寒草甸
0504	其他沼泽地	指除森林沼泽、灌丛沼泽和沼泽草地外，地表经常过湿或有薄层积水，生长沼生或部分沼生和部分湿生、水生或盐生植物的土地，包括草本沼泽、苔藓沼泽、内陆盐沼等
0505	沿海滩涂	指沿海大潮高潮位与低潮位之间的潮浸地带，包括海岛的滩涂，不包括已利用的滩涂
0506	内陆滩涂	指河流、湖泊常水位至洪水位间的滩地，时令河、湖洪水位以下的滩地，水库正常蓄水位与洪水位间的滩地，包括海岛的内陆滩地，不包括已利用的滩地

续表

代码	名称	含义
0507	红树林地	指沿海生长红树植物的土地,包括红树林苗圃
06	**农业设施建设用地**	指对地表耕作层造成破坏的,为农业生产、农村生活服务的乡村道路用地以及种植设施、畜禽养殖设施、水产养殖设施建设用地
0601	乡村道路用地	指村庄内部道路用地以及对地表耕作层造成破坏的村道用地
060101	村道用地	指在农村范围内,乡道及乡道以上公路以外,用于村间、田间交通运输,服务于农村生活生产的对地表耕作层造成破坏的硬化型道路(含机耕道),不包括村庄内部道路用地和田间道
060102	村庄内部道路用地	指村庄内的道路用地,包括其交叉口用地,不包括穿越村庄的公路
0602	种植设施建设用地	指对地表耕作层造成破坏的,工厂化作物生产和为生产服务的看护房、农资农机具存放场所等,以及与生产直接关联的烘干晾晒、分拣包装、保鲜存储等设施用地,不包括直接利用地表种植的大棚、地膜等保温、保湿设施用地
0603	畜禽养殖设施建设用地	指对地表耕作层造成破坏的,经营性畜禽养殖生产及直接关联的圈舍、废弃物处理、检验检疫等设施用地,不包括屠宰和肉类加工场所用地等
0604	水产养殖设施建设用地	指对地表耕作层造成破坏的,工厂化水产养殖生产及直接关联的硬化养殖池、看护房、粪污处置、检验检疫等设施用地
07	**居住用地**	指城乡住宅用地及其居住生活配套的社区服务设施用地
0701	城镇住宅用地	指用于城镇生活居住功能的各类住宅建筑用地及其附属设施用地
070101	一类城镇住宅用地	指配套设施齐全、环境良好,以三层及以下住宅为主的住宅建筑用地及其附属道路、附属绿地、停车场等用地
070102	二类城镇住宅用地	指配套设施较齐全、环境良好,以四层及以上住宅为主的住宅建筑用地及其附属道路、附属绿地、停车场等用地
070103	三类城镇住宅用地	指配套设施较欠缺、环境较差,以需要加以改造的简陋住宅为主的住宅建筑用地及其附属道路、附属绿地、停车场等用地,包括危房、棚户区、临时住宅等用地

续表

代码	名称	含义
0702	城镇社区服务设施用地	指为城镇居住生活配套的社区服务设施用地，包括社区服务站以及托儿所、社区卫生服务站、文化活动站、小型综合体育场地、小型超市等用地，以及老年人日间照料中心（托老所）等社区养老服务设施用地，不包括中小学、幼儿园用地
0703	农村宅基地	指农村村民用于建造住宅及其生活附属设施的土地，包括住房、附属用房等用地
070301	一类农村宅基地	指农村用于建造独户住房的土地
070302	二类农村宅基地	指农村用于建造集中住房的土地
0704	农村社区服务设施用地	指为农村生产生活配套的社区服务设施用地，包括农村社区服务站以及村委会、供销社、兽医站、农机站、托儿所、文化活动室、小型体育活动场地、综合礼堂、农村商店及小型超市、农村卫生服务站、村邮站、宗祠等用地，不包括中小学、幼儿园用地
08	**公共管理与公共服务用地**	指机关团体、科研、文化、教育、体育、卫生、社会福利等机构和设施的用地，不包括农村社区服务设施用地和城镇社区服务设施用地
0801	机关团体用地	指党政机关、人民团体及其相关直属机构、派出机构和直属事业单位的办公及附属设施用地
0802	科研用地	指科研机构及其科研设施用地
0803	文化用地	指图书、展览等公共文化活动设施用地
080301	图书与展览用地	指公共图书馆、博物馆、科技馆、公共美术馆、纪念馆、规划建设展览馆等设施用地
080302	文化活动用地	指文化馆（群众艺术馆）、文化站、工人文化宫、青少年宫（青少年活动中心）、妇女儿童活动中心（儿童活动中心）、老年活动中心、综合文化活动中心、公共剧场等设施用地
0804	教育用地	指高等教育、中等职业教育、中小学教育、幼儿园、特殊教育设施等用地，包括为学校配建的独立地段的学生生活用地
080401	高等教育用地	指大学、学院、高等职业学校、高等专科学校、成人高校等高等学校用地，包括军事院校用地

续表

代码	名称	含义
080402	中等职业教育用地	指普通中等专业学校、成人中等专业学校、职业高中、技工学校等用地,不包括附属于普通中学内的职业高中用地
080403	中小学用地	指小学、初级中学、高级中学、九年一贯制学校、完全中学、十二年一贯制学校用地,包括职业初中、成人中小学、附属于普通中学内的职业高中用地
080404	幼儿园用地	指幼儿园用地
080405	其他教育用地	指除以上之外的教育用地,包括特殊教育学校、专门学校(工读学校)用地
0805	体育用地	指体育场馆和体育训练基地等用地,不包括学校、企事业、军队等机构内部专用的体育设施用地
080501	体育场馆用地	指室内外体育运动用地,包括体育场馆、游泳场馆、大中型多功能运动场地、全民健身中心等用地
080502	体育训练用地	指为体育运动专设的训练基地用地
0806	医疗卫生用地	指医疗、预防、保健、护理、康复、急救、安宁疗护等用地
080601	医院用地	指综合医院、中医医院、中西医结合医院、民族医院、各类专科医院、护理院等用地
080602	基层医疗卫生设施用地	指社区卫生服务中心、乡镇(街道)卫生院等用地,不包括社区卫生服务站、农村卫生服务站、村卫生室、门诊部、诊所(医务室)等用地
080603	公共卫生用地	指疾病预防控制中心、妇幼保健院、急救中心(站)、采供血设施等用地
0807	社会福利用地	指为老年人、儿童及残疾人等提供社会福利和慈善服务的设施用地
080701	老年人社会福利用地	指为老年人提供居住、康复、保健等服务的养老院、敬老院、养护院等机构养老设施用地
080702	儿童社会福利用地	指为孤儿、农村留守儿童、困境儿童等特殊儿童群体提供居住、抚养、照护等服务的儿童福利院、孤儿院、未成年人救助保护中心等设施用地
080703	残疾人社会福利用地	指为残疾人提供居住、康复、护养等服务的残疾人福利院、残疾人康复中心、残疾人综合服务中心等设施用地

续表

代码	名称	含义
080704	其他社会福利用地	指除以上之外的社会福利设施用地，包括救助管理站等设施用地
09	**商业服务业用地**	指商业、商务金融以及娱乐康体等设施用地，不包括农村社区服务设施用地和城镇社区服务设施用地
0901	商业用地	指零售商业、批发市场及餐饮、旅馆及公用设施营业网点等服务业用地
090101	零售商业用地	指商铺、商场、超市、服装及小商品市场等用地
090102	批发市场用地	指以批发功能为主的市场用地
090103	餐饮用地	指饭店、餐厅、酒吧等用地
090104	旅馆用地	指宾馆、旅馆、招待所、服务型公寓、有住宿功能的度假村等用地
090105	公用设施营业网点用地	指零售加油、加气、充换电站、电信、邮政、供水、燃气、供电、供热等公用设施营业网点用地
0902	商务金融用地	指金融保险、艺术传媒、研发设计、技术服务、物流管理中心等综合性办公用地
0903	娱乐康体用地	指各类娱乐、康体等设施用地
090301	娱乐用地	指剧院、音乐厅、电影院、歌舞厅、网吧以及绿地率小于65%的大型游乐等设施用地
090302	康体用地	指高尔夫练习场、赛马场、溜冰场、跳伞场、摩托车场、射击场，以及水上运动的陆域部分等用地
0904	其他商业服务业用地	指除以上之外的商业服务业用地，包括以观光娱乐为目的的直升机停机坪等通用航空、汽车维修站以及宠物医院、洗车场、洗染店、照相馆、理发美容店、洗浴场所、废旧物资回收站、机动车、电子产品和日用产品修理网点、物流营业网点等用地
10	**工矿用地**	指用于工矿业生产的土地
1001	工业用地	指工矿企业的生产车间、装备修理、自用库房及其附属设施用地，包括专用铁路、码头和附属道路、停车场等用地，不包括采矿用地

续表

代码	名称	含义
100101	一类工业用地	指对居住和公共环境基本无干扰、污染和安全隐患，布局无特殊控制要求的工业用地
100102	二类工业用地	指对居住和公共环境有一定干扰、污染和安全隐患，不可布局于居住区和公共设施集中区内的工业用地
100103	三类工业用地	指对居住和公共环境有严重干扰、污染和安全隐患，布局有防护、隔离要求的工业用地
1002	采矿用地	指采矿、采石、采砂（沙）场，砖瓦窑等地面生产用地及排土（石）、尾矿堆放用地
1003	盐田	指用于盐业生产的用地，包括晒盐场所、盐池及附属设施用地
11	**仓储用地**	指物流仓储和战略性物资储备库用地
1101	物流仓储用地	指国家和省级战略性储备库以外，城、镇、村用于物资存储、中转、配送等设施用地，包括附属设施、道路、停车场等用地
110101	一类物流仓储用地	指对居住和公共环境基本无干扰、污染和安全隐患，布局无特殊控制要求的物流仓储用地
110102	二类物流仓储用地	指对居住和公共环境有一定干扰、污染和安全隐患，不可布局于居住区和公共设施集中区内的物流仓储用地
110103	三类物流仓储用地	指用于存放易燃、易爆和剧毒等危险品，布局有防护、隔离要求的物流仓储用地
1102	储备库用地	指国家和省级的粮食、棉花、石油等战略性储备库用地
12	**交通运输用地**	指铁路、公路、机场、港口码头、管道运输、城市轨道交通、各种道路以及交通场站等交通运输设施及其附属设施用地，不包括其他用地内的附属道路、停车场等用地
1201	铁路用地	指铁路编组站、轨道线路（含城际轨道）等用地，不包括铁路客货运站等交通场站用地
1202	公路用地	指国道、省道、县道和乡道用地及附属设施用地，不包括已纳入城镇集中连片建成区，发挥城镇内部道路功能的路段，以及公路长途客货运站等交通场站用地
1203	机场用地	指民用及军民合用的机场用地，包括飞行区、航站区等用地，不包括净空控制范围内的其他用地

续表

代码	名称	含义
1204	港口码头用地	指海港和河港的陆域部分,包括用于堆场、货运码头及其他港口设施的用地,不包括港口客运码头等交通场站用地
1205	管道运输用地	指运输矿石、石油和天然气等地面管道运输用地,地下管道运输规定的地面控制范围内的用地应按其地面实际用途归类
1206	城市轨道交通用地	指独立占地的城市轨道交通地面以上部分的线路、站点用地
1207	城镇道路用地	指快速路、主干路、次干路、支路、专用人行道和非机动车道等用地,包括其交叉口用地
1208	交通场站用地	指交通服务设施用地,不包括交通指挥中心、交通队等行政办公设施用地
120801	对外交通场站用地	指铁路客货运站、公路长途客运站、港口客运码头及其附属设施用地
120802	公共交通场站用地	指城市轨道交通车辆基地及附属设施,公共汽(电)车首末站、停车场(库)、保养场,出租汽车场站设施等用地,以及轮渡、缆车、索道等的地面部分及其附属设施用地
120803	社会停车场用地	指独立占地的公共停车场和停车库用地(含设有充电桩的社会停车场),不包括其他建设用地配建的停车场和停车库用地
1209	其他交通设施用地	指除以上之外的交通设施用地,包括教练场等用地
13	**公用设施用地**	指用于城乡和区域基础设施的供水、排水、供电、供燃气、供热、通信、邮政、广播电视、环卫、消防、干渠、水工等设施用地
1301	供水用地	指取水设施、供水厂、再生水厂、加压泵站、高位水池等设施用地
1302	排水用地	指雨水泵站、污水泵站、污水处理、污泥处理厂等设施及其附属的构筑物用地,不包括排水河渠用地
1303	供电用地	指变电站、开关站、环网柜等设施用地,不包括电厂等工业用地。高压走廊下规定的控制范围内的用地应按其地面实际用途归类
1304	供燃气用地	指分输站、调压站、门站、供气站、储配站、气化站、灌瓶站和地面输气管廊等设施用地,不包括制气厂等工业用地
1305	供热用地	指集中供热厂、换热站、区域能源站、分布式能源站和地面输热管廊等设施用地

续表

代码	名称	含义
1306	通信用地	指通信铁塔、基站、卫星地球站、海缆登陆站、电信局、微波站、中继站等设施用地
1307	邮政用地	指邮政中心局、邮政支局(所)、邮件处理中心等设施用地
1308	广播电视设施用地	指广播电视的发射、传输和监测设施用地,包括无线电收信区、发信区以及广播电视发射台、转播台、差转台、监测站等设施用地
1309	环卫用地	指生活垃圾、医疗垃圾、危险废物处理和处置,以及垃圾转运、公厕、车辆清洗、环卫车辆停放修理等设施用地
1310	消防用地	指消防站、消防通信及指挥训练中心等设施用地
1311	干渠	指除农田水利以外,人工修建的从水源地直接引水或调水,用于工农业生产、生活和水生态调节的大型渠道
1312	水工设施用地	指人工修建的闸、坝、堤林路、水电厂房、扬水站等常水位岸线以上的建(构)筑物用地,包括防洪堤、防洪枢纽、排洪沟(渠)等设施用地
1313	其他公用设施用地	指除以上之外的公用设施用地,包括施工、养护、维修等设施用地
14	**绿地与开敞空间用地**	指城镇、村庄建设用地范围内的公园绿地、防护绿地、广场等公共开敞空间用地,不包括其他建设用地中的附属绿地
1401	公园绿地	指向公众开放,以游憩为主要功能,兼具生态、景观、文教、体育和应急避险等功能,有一定服务设施的公园和绿地,包括综合公园、社区公园、专类公园和游园等
1402	防护绿地	指具有卫生、隔离、安全、生态防护功能,游人不宜进入的绿地
1403	广场用地	指以游憩、健身、纪念、集会和避险等功能为主的公共活动场地
15	**特殊用地**	指军事、外事、宗教、安保、殡葬,以及文物古迹等具有特殊性质的用地
1501	军事设施用地	指直接用于军事目的的设施用地
1502	使领馆用地	指外国驻华使领馆、国际机构办事处及其附属设施等用地

续表

代码	名称	含义
1503	宗教用地	指宗教活动场所用地
1504	文物古迹用地	指具有保护价值的古遗址、古建筑、古墓葬、石窟寺、近现代史迹及纪念建筑等用地，不包括已作其他用途的文物古迹用地
1505	监教场所用地	指监狱、看守所、劳改场、戒毒所等用地范围内的建设用地，不包括公安局等行政办公设施用地
1506	殡葬用地	指殡仪馆、火葬场、骨灰存放处和陵园、墓地等用地
1507	其他特殊用地	指除以上之外的特殊建设用地，包括边境口岸和自然保护地等的管理与服务设施用地
16	**留白用地**	指国土空间规划确定的城镇、村庄范围内暂未明确规划用途、规划期内不开发或特定条件下开发的用地
17	**陆地水域**	指陆域内的河流、湖泊、冰川及常年积雪等天然陆地水域，以及水库、坑塘水面、沟渠等人工陆地水域
1701	河流水面	指天然形成或人工开挖河流常水位岸线之间的水面，不包括被堤坝拦截后形成的水库区段水面
1702	湖泊水面	指天然形成的积水区常水位岸线所围成的水面
1703	水库水面	指人工拦截汇集而成的总设计库容≥10 万 m^3 的水库正常蓄水位岸线所围成的水面
1704	坑塘水面	指人工开挖或天然形成的蓄水量<10 万 m^3 的坑塘常水位岸线所围成的水面
1705	沟渠	指人工修建，南方宽度≥1.0m，北方宽度≥2.0m 用于引、排、灌的渠道，包括渠槽、渠堤、附属护路林及小型泵站，不包括干渠
1706	冰川及常年积雪	指表层被冰雪常年覆盖的土地
18	**渔业用海**	指为开发利用渔业资源、开展海洋渔业生产所使用的海域及无居民海岛
1801	渔业基础设施用海	指用于渔船停靠、进行装卸作业和避风以及用以繁殖重要苗种的海域，包括渔业码头、引桥、堤坝、渔港港池（含开敞式码头前沿船舶靠泊和回旋水域）、渔港航道及其附属设施使用的海域及无居民海岛

续表

代码	名称	含义
1802	增养殖用海	指用于养殖生产或通过构筑人工鱼礁等进行增养殖生产的海域及无居民海岛
1803	捕捞海域	指开展适度捕捞的海域
19	**工矿通信用海**	指开展临海工业生产、海底电缆管道建设和矿产能源开发所使用的海域及无居民海岛
1901	工业用海	指开展海水综合利用、船舶制造修理、海产品加工等临海工业所使用的海域及无居民海岛
1902	盐田用海	指用于盐业生产的海域,包括盐田取排水口、蓄水池等所使用的海域及无居民海岛
1903	固体矿产用海	指开采海砂及其他固体矿产资源的海域及无居民海岛
1904	油气用海	指开采油气资源的海域及无居民海岛
1905	可再生能源用海	指开展海上风电、潮流能、波浪能等可再生能源利用的海域及无居民海岛
1906	海底电缆管道用海	指用于埋(架)设海底通讯光(电)缆、电力电缆、输水管道及输送其他物质的管状设施所使用的海域
20	**交通运输用海**	指用于港口、航运、路桥等交通建设的海域及无居民海岛
2001	港口用海	指供船舶停靠、进行装卸作业、避风和调动的海域,包括港口码头、引桥、平台、港池、堤坝及堆场等所使用的海域及无居民海岛
2002	航运用海	指供船只航行、候潮、待泊、联检、避风及进行水上过驳作业的海域
2003	路桥隧道用海	指用于建设连陆、连岛等路桥工程及海底隧道海域,包括跨海桥梁、跨海和顺岸道路、海底隧道等及其附属设施所使用的海域及无居民海岛
21	**游憩用海**	指开发利用滨海和海上旅游资源,开展海上娱乐活动的海域及无居民海岛
2101	风景旅游用海	指开发利用滨海和海上旅游资源的海域及无居民海岛
2102	文体休闲娱乐用海	指旅游景区开发和海上文体娱乐活动场建设的海域,包括海上浴场、游乐场及游乐设施使用的海域及无居民海岛

续表

代码	名称	含义
22	**特殊用海**	指用于科研教学、军事及海岸防护工程、倾倒排污等用途的海域及无居民海岛
2201	军事用海	指建设军事设施和开展军事活动的海域及无居民海岛
2202	其他特殊用海	指除军事用海以外，用于科研教学、海岸防护、排污倾倒等的海域及无居民海岛
23	**其他土地**	指上述地类以外的其他类型的土地，包括盐碱地、沙地、裸土地、裸岩石砾地等植被稀少的陆域自然荒野等土地以及空闲地、田坎、田间道
2301	空闲地	指城、镇、村庄范围内尚未使用的建设用地。空闲地仅用于国土调查监测工作
2302	田坎	指梯田及梯状坡地耕地中，主要用于拦蓄水和护坡，南方宽度≥1.0m，北方宽度≥2.0m 的地坎
2303	田间道	指在农村范围内，用于田间交通运输，为农业生产、农村生活服务的未对地表耕作层造成破坏的非硬化道路
2304	盐碱地	指表层盐碱聚集，生长天然耐盐碱植物的土地，不包括沼泽地和沼泽草地
2305	沙地	指表层为沙覆盖、植被覆盖度≤5%的土地，不包括滩涂中的沙地
2306	裸土地	指表层为土质，植被覆盖度≤5%的土地，不包括滩涂中的泥滩
2307	裸岩石砾地	指表层为岩石或石砾，其覆盖面积≥70%的土地，不包括滩涂中的石滩
24	**其他海域**	指需要限制开发，以及从长远发展角度应当予以保留的海域及无居民海岛

附录 2:土地利用现状分类

土地利用现状分类和编码(据 GB/T 21010—2017)

一级类		二级类		含义
编码	名称	编码	名称	
01	耕地			指种植农作物的土地,包括熟地,新开发、复垦、整理地,休闲地(含轮歇地、休耕地);以种植农作物(含蔬菜)为主,间有零星果树、桑树或其他树木的土地;平均每年能保证收获一季的已垦滩地和海涂。耕地中包括南方宽度＜1.0m,北方宽度＜2.0m 固定的沟、渠、路和地坎(埂);临时种植药材、草皮、花卉、苗木等的耕地,临时种植果树、茶树和林木且耕作层未破坏的耕地,以及其他临时改变用途的耕地
		0101	水田	指用于种植水稻、莲藕等水生农作物的耕地。包括实行水生、旱生农作物轮种的耕地
		0102	水浇地	指有水源保证和灌溉设施,在一般年景能正常灌溉,种植旱生农作物(含蔬菜)的耕地。包括种植蔬菜的非工厂化的大棚用地
		0103	旱地	指无灌溉设施,主要靠天然降水种植旱生农作物的耕地,包括没有灌溉设施,仅靠引洪淤灌的耕地
02	园地			指种植以采集果、叶、根、茎、汁等为主的集约经营的多年生木本和草本作物,覆盖度大于 50%或每亩株数大于合理株数 70%的土地。包括用于育苗的土地
		0201	果园	指种植果树的园地
		0202	茶园	指种植茶树的园地
		0203	橡胶园	指种植橡胶树的园地
		0204	其他园地	指种植桑树、可可、咖啡、油棕、胡椒、药材等其他多年生作物的园地

续表

一级类		二级类		含义
编码	名称	编码	名称	
03	林地			指生长乔木、竹类、灌木的土地，以及沿海生长红树林的土地。包括迹地，不包括城镇、村庄范围内的绿化林木用地，铁路、公路征地范围内的林木，以及河流、沟渠的护堤林
		0301	乔木林地	指乔木郁闭度≥0.2的林地，不包括森林沼泽
		0302	竹林地	指生长竹类植物，郁闭度≥0.2的林地
		0303	红树林地	指沿海生长红树植物的林地
		0304	森林沼泽	以乔木森林植物为优势群落的淡水沼泽
		0305	灌木林地	指灌木覆盖度≥40%的林地，不包括灌丛沼泽
		0306	灌丛沼泽	以灌丛植物为优势群落的淡水沼泽
		0307	其他林地	包括疏林地（树木郁闭度≥0.1、<0.2的林地）、未成林地、迹地、苗圃等林地
04	草地			指生长草本植物为主的土地
		0401	天然牧草地	指以天然草本植物为主，用于放牧或割草的草地，包括实施禁牧措施的草地，不包括沼泽草地
		0402	沼泽草地	指以天然草本植物为主的沼泽化的低地草甸、高寒草甸
		0403	人工牧草地	指人工种植牧草的草地
		0404	其他草地	指树木郁闭度<0.1，表层为土质，不用于放牧的草地
05	商服用地			指主要用于商业、服务业的土地
		0501	零售商业用地	以零售功能为主的商铺、商场、超市、市场和加油、加气、充换电站等的用地
		0502	批发市场用地	以批发功能为主的市场用地
		0503	餐饮用地	饭店、餐厅、酒吧等用地
		0504	旅馆用地	宾馆、旅馆、招待所、服务型公寓、度假村等用地

续表

一级类		二级类		含义
编码	名称	编码	名称	
05	商服用地	0505	商务金融用地	指商务服务用地,以及经营性的办公场所用地。包括写字楼商业性办公场所、金融活动场所和企业厂区外独立的办公场所;信息网络服务、信息技术服务、电子商务服务、广告传媒等用地
		0506	娱乐用地	指剧院、音乐厅、电影院、歌舞厅、网吧、影视城、仿古城以及绿地率小于65%的大型游乐等设施用地
		0507	其他商服用地	指零售商业、批发市场、餐饮、旅馆、商务金融、娱乐用地以外的其他商业、服务业用地。包括洗车场、洗染店、照相馆、理发美容店、洗浴场所、赛马场、高尔夫球场、废旧物资回收站、机动车、电子产品和日用产品修理网点、物流营业网点,以及居住小区及小区级以下的配套的服务设施等用地
06	工矿仓储用地			指主要用于工业生产、物资存放场所的土地
		0601	工业用地	指工业生产、产品加工制造、机械和设备修理及直接为工业生产等服务的附属设施用地
		0602	采矿用地	指采矿、采石、采砂(沙)场,砖瓦窑等地面生产用地,排土(石)及尾矿堆放地
		0603	盐田	指用于生产盐的土地,包括晒盐场所、盐池及附属设施用地
		0604	仓储用地	指用于物资储备、中转的场所用地,包括物流仓储设施、配送中心、转运中心等
07	住宅用地			指主要用于人们生活居住的房基地及其附属设施的土地
		0701	城镇住宅用地	指城镇用于生活居住的各类房屋用地及其附属设施用地,不含配套的商业服务设施等用地
		0702	农村宅基地	指农村用于生活居住的宅基地
08	公共管理与公共服务用地			指用于机关团体、新闻出版、科教文卫、公用设施等的土地
		0801	机关团体用地	指用于党政机关、社会团体、群众自治组织等的用地
		0802	新闻出版用地	指用于广播电台、电视台、电影厂、报社、杂志社、通讯社、出版社等的用地
		0803	教育用地	指用于各类教育用地,包括高等院校、中等专业学校、中学、小学、幼儿园及其附属设施用地,聋、哑、盲人学校及工读学校用地,以及为学校配建的独立地段的学生生活用地

续表

一级类		二级类		含义
编码	名称	编码	名称	
08	公共管理与公共服务用地	0804	科研用地	指独立的科研、勘察、研发、设计、检验检测、技术推广、环境评估与监测、科普等科研事业单位及其附属设施用地
		0805	医疗卫生用地	指医疗、保健、卫生、防疫、康复和急救设施等用地。包括综合医院、专科医院、社区卫生服务中心等用地;卫生防疫站、专科防治所、检验中心和动物检疫站等用地;对环境有特殊要求的传染病、精神病等专科医院用地;急救中心、血库等用地
		0806	社会福利用地	指为社会提供福利和慈善服务的设施及其附属设施用地。包括福利院、养老院、孤儿院等用地
		0807	文化设施用地	指图书、展览等公共文化活动设施用地。包括公共图书馆、博物馆、档案馆、科技馆、纪念馆、美术馆和展览馆等设施用地;综合文化活动中心、文化馆、青少年宫、儿童活动中心、老年活动中心等设施用地
		0808	体育用地	指体育场馆和体育训练基地等用地,包括室内外体育运动用地,如体育场馆、游泳场馆、各类球场及其附属的业余体校等用地,溜冰场、跳伞场、摩托车场、射击场,以及水上运动的陆域部分等用地,以及为体育运动专设的训练基地用地,不包括学校等机构专用的体育设施用地
		0809	公用设施用地	指用于城乡基础设施的用地。包括供水、排水、污水处理、供电、供热、供气、邮政、电信、消防、环卫、公用设施维修等用地
		0810	公园与绿地	指城镇、村庄范围内的公园、动物园、植物园、街心花园、广场和用于休憩、美化环境及防护的绿化用地
09	特殊用地			指用于军事设施、涉外、宗教、监教、殡葬、风景名胜等的土地
		0901	军事设施用地	指直接用于军事目的的设施用地
		0902	使领馆用地	指用于外国政府及国际组织驻华使领馆、办事处等的用地
		0903	监教场所用地	指用于监狱、看守所、劳改场、戒毒所等的建筑用地
		0904	宗教用地	指专门用于宗教活动的庙宇、寺院、道观、教堂等宗教自用地
		0905	殡葬用地	指陵园、墓地、殡葬场所用地
		0906	风景名胜设施用地	指风景名胜景点(包括名胜古迹、旅游景点、革命遗址、自然保护区、森林公园、地质公园、湿地公园等)的管理机构,以及旅游服务设施的建筑用地。景区内的其他用地按现状归入相应地类

续表

一级类		二级类		含义
编码	名称	编码	名称	
10	交通运输用地			指用于运输通行的地面线路、场站等的土地。包括民用机场、汽车客货运场站、港口、码头、地面运输管道和各种道路以及轨道交通用地
		1001	铁路用地	指用于铁道线路及场站的用地。包括征地范围内的路堤、路堑、道沟、桥梁、林木等用地
		1002	轨道交通用地	指用于轻轨、现代有轨电车、单轨等轨道交通用地以及场站的用地
		1003	公路用地	指用于国道、省道、县道和乡道的用地。包括征地范围内的路堤、路堑、道沟、桥梁、汽车停靠站、林木及直接为其服务的附属用地
		1004	城镇村道路用地	指城镇、村庄范围内公用道路及行道树用地，包括快速路、主干路、次干路、支路、专用人行道和非机动车道，及其交叉口等
		1005	交通服务场站用地	指城镇、村庄范围内交通服务设施用地，包括公交枢纽及其附属设施用地、公路长途客运站、公共交通场站、公共停车场(含设有充电桩的停车场)、停车楼、教练场等用地，不包括交通指挥中心、交通队用地
		1006	农村道路	在农村范围内，南方宽度≥1.0m、≤8m，北方宽度≥2.0m、≤8m，用于村间、田间交通运输，并在国家公路网络体系之外，以服务于农村农业生产为主要用途的道路(含机耕道)
		1007	机场用地	指用于民用机场、军民合用机场的用地
		1008	港口码头用地	指用于人工修建的客运、货运、捕捞及工程、工作船舶停靠的场所及其附属建筑物的用地，不包括常水位以下部分
		1009	管道运输用地	指用于运输煤炭、矿石、石油、天然气等管道及其相应附属设施的地上部分用地
11	水域及水利设施用地			指陆地水域，滩涂、沟渠、沼泽、水工建筑物等用地。不包括滞洪区和已垦滩涂中的耕地、园地、林地、城镇、村庄、道路等用地
		1101	河流水面	指天然形成或人工开挖河流常水位岸线之间的水面，不包括被堤坝拦截后形成的水库区段水面
		1102	湖泊水面	指天然形成的积水区常水位岸线所围成的水面
		1103	水库水面	指人工拦截汇集而成的总设计库容≥10 万 m^3 的水库正常蓄水位岸线所围成的水面

续表

一级类		二级类		含义
编码	名称	编码	名称	
11	水域及水利设施用地	1104	坑塘水面	指人工开挖或天然形成的蓄水量＜10 万 m^3 的坑塘常水位岸线所围成的水面
		1105	沿海滩涂	指沿海大潮高潮位与低潮位之间的潮浸地带。包括海岛的沿海滩涂。不包括已利用的滩涂
		1106	内陆滩涂	指河流、湖泊常水位至洪水位间的滩地;时令湖、河洪水位以下的滩地;水库、坑塘的正常蓄水位与洪水位间的滩地。包括海岛的内陆滩地。不包括已利用的滩地
		1107	沟渠	指人工修建,南方宽度≥1.0m、北方宽度≥2.0m 用于引、排、灌的渠道,包括渠槽、渠堤、护堤林及小型泵站
		1108	沼泽地	指经常积水或渍水,一般生长湿生植物的土地。包括草本沼泽、苔藓沼泽、内陆盐沼等。不包括森林沼泽、灌丛沼泽和沼泽草地
		1109	水工建筑用地	指人工修建的闸、坝、堤路林、水电厂房、扬水站等常水位岸线以上的建(构)筑物用地
		1110	冰川及永久积雪	指表层被冰雪常年覆盖的土地
12	其他土地			指上述地类以外的其他类型的土地
		1201	空闲地	指城镇、村庄、工矿范围内尚未使用的土地。包括尚未确定用途的土地
		1202	设施农用地	指直接用于经营性畜禽养殖生产设施及附属设施用地;直接用于作物栽培或水产养殖等农产品生产的设施及附属设施用地;直接用于设施农业项目辅助生产的设施用地;晾晒场、粮食果品烘干设施、粮食和农资临时存放场所、大型农机具临时存放场所等规模化粮食生产所必需的配套设施用地
		1203	田坎	指梯田及梯状坡地耕地中,主要用于拦蓄水和护坡,南方宽度≥1.0m、北方宽度≥2.0m 的地坎
		1204	盐碱地	指表层盐碱聚集,生长天然耐盐植物的土地
		1205	沙地	指表层为沙覆盖、基本无植被的土地。不包括滩涂中的沙地
		1206	裸土地	指表层为土质,基本无植被覆盖的土地
		1207	裸岩石砾地	指表层为岩石或石砾,其覆盖面积≥70%的土地

附录 3:第三次全国国土调查工作分类

第三次全国国土调查工作分类和编码

一级类		二级类		含义
编码	名称	编码	名称	
00	湿地			指红树林地,天然的或人工的,永久的或间歇性的沼泽地、泥炭地,盐田,滩涂等
		0303	红树林地	沿海生长红树植物的林地
		0304	森林沼泽	以乔木森林植物为优势群落的淡水沼泽
		0306	灌丛沼泽	以灌丛植物为优势群落的淡水沼泽
		0402	沼泽草地	指以天然草本植物为主的沼泽化的低地草甸、高寒草甸
		0603	盐田	指用于生产盐的土地,包括晒盐场所、盐池及附属设施用地
		1105	沿海滩涂	指沿海大潮高潮位与低潮位之间的潮浸地带。包括海岛的沿海滩涂。不包括已利用的滩涂
		1106	内陆滩涂	指河流、湖泊常水位至洪水位间的滩地;时令湖、河洪水位以下的滩地;水库、坑塘的正常蓄水位与洪水位间的滩地。包括海岛的内陆滩地。不包括已利用的滩地
		1108	沼泽地	指经常积水或渍水,一般生长湿生植物的土地。包括草本沼泽、苔藓沼泽、内陆盐沼等。不包括森林沼泽、灌丛沼泽和沼泽草地
01	耕地			指种植农作物的土地,包括熟地,新开发、复垦、整理地,休闲地(含轮歇地、休耕地);以种植农作物(含蔬菜)为主,间有零星果树、桑树或其他树木的土地;平均每年能保证收获一季的已垦滩地和海涂。耕地中包括南方宽度＜1.0m,北方宽度＜2.0m固定的沟、渠、路和地坎(埂);临时种植药材、草皮、花卉、苗木等的耕地,临时种植果树、茶树和林木且耕作层未破坏的耕地,以及其他临时改变用途的耕地
		0101	水田	指用于种植水稻、莲藕等水生农作物的耕地。包括实行水生、旱生农作物轮种的耕地
		0102	水浇地	指有水源保证和灌溉设施,在一般年景能正常灌溉,种植旱生农作物(含蔬菜)的耕地。包括种植蔬菜的非工厂化的大棚用地
		0103	旱地	指无灌溉设施,主要靠天然降水种植旱生农作物的耕地,包括没有灌溉设施,仅靠引洪淤灌的耕地

续表

一级类		二级类		含义		
编码	名称	编码	名称			
02	种植园用地			指种植以采集果、叶、根、茎、汁等为主的集约经营的多年生木本和草本作物，覆盖度大于50%或每亩株数大于合理株数70%的土地。包括用于育苗的土地		
		0201	果园	指种植果树的园地		
				0201K	可调整果园	指由耕地改为果园，但耕作层未被破坏的土地
		0202	茶园	指种植茶树的园地		
				0202K	可调整茶园	指由耕地改为茶园，但耕作层未被破坏的土地
		0203	橡胶园	指种植橡胶树的园地		
				0203K	可调整橡胶园	指由耕地改为橡胶园，但耕作层未被破坏的土地
		0204	其他园地	指种植桑树、可可、咖啡、油棕、胡椒、药材等其他多年生作物的园地		
				0204K	可调整其他园地	指由耕地改为其他园地，但耕作层未被破坏的土地
03	林地			指生长乔木、竹类、灌木的土地及沿海生长红树林的土地。包括迹地，不包括沿海生长红树林的土地、森林沼泽、灌丛沼泽，城镇、村庄范围内的绿化林木用地，铁路、公路征地范围内的林木，以及河流、沟渠的护堤林		
		0301	乔木林地	指乔木郁闭度≥0.2的林地，不包括森林沼泽		
				0301K	可调整乔木林地	指由耕地改为乔木林地，但耕作层未被破坏的土地
		0302	竹林地	指生长竹类植物，郁闭度≥0.2的林地		
				0302K	可调整竹林地	指由耕地改为竹林地，但耕作层未被破坏的土地
		0305	灌木林地	指灌木覆盖度≥40%的林地，不包括灌丛沼泽		
		0307	其他林地	包括疏林地（树木郁闭度≥0.1、<0.2的林地）、未成林地、迹地、苗圃等林地		
				0307K	可调整其他林地	指由耕地改为未成林造林地和苗圃，但耕作层未被破坏的土地

续表

一级类		二级类		含义
编码	名称	编码	名称	
04	草地			指生长草本植物为主的土地
		0401	天然牧草地	指以天然草本植物为主,用于放牧或割草的草地,包括实施禁牧措施的草地,不包括沼泽草地
		0403	人工牧草地	指人工种植牧草的草地
		0403K	可调整人工牧草地	指由耕地改为人工牧草地,但耕作层未被破坏的土地
		0404	其他草地	指树木郁闭度<0.1,表层为土质,不用于放牧的草地
05	商业服务业用地			指主要用于商业、服务业的土地
		05H1	商业服务业用地	指主要用于零售、批发、餐饮、旅馆、商务金融、娱乐及其他商服的土地
		0508	物流仓储用地	指用于物资储备、中转、配送等场所的用地,包括物流仓储设施、配送中心、转运中心等
06	工矿用地			指主要用于工业、采矿等生产的土地。不包括盐田
		0601	工业用地	指工业生产、产品加工制造、机械和设备修理及直接为工业生产等服务的附属设施用地
		0602	采矿用地	指采矿、采石、采砂(沙)场,砖瓦窑等地面生产用地,排土(石)及尾矿堆放地
07	住宅用地			指主要用于人们生活居住的房基地及其附属设施的土地
		0701	城镇住宅用地	指城镇用于生活居住的各类房屋用地及其附属设施用地,不含配套的商业服务设施等用地
		0702	农村宅基地	指农村用于生活居住的宅基地
08	公共管理与公共服务用地			指用于机关团体、新闻出版、科教文卫、公用设施等的土地
		08H1	机关团体新闻出版用地	指用于党政机关、社会团体、群众自治组织,广播电台、电视台、电影厂、报社、杂志社、通讯社、出版社等的用地
		08H2	科教文卫用地	指用于各类教育,独立的科研、勘察、研发、设计、检验检测、技术推广、环境评估与监测、科普等科研事业单位,医疗、保健、卫生、防疫、康复和急救设施,为社会提供福利和慈善服务的设施,图书、展览等公共文化活动设施,体育场馆和体育训练基地等用地及其附属设施用地
		08H2A	高教用地	指高等院校及其附属设施用地

续表

一级类		二级类		含义
编码	名称	编码	名称	
08	公共管理与公共服务用地	0809	公用设施用地	指用于城乡基础设施的用地。包括供水、排水、污水处理、供电、供热、供气、邮政、电信、消防、环卫、公用设施维修等用地
		0810	公园与绿地	指城镇、村庄范围内的公园、动物园、植物园、街心花园、广场和用于休憩、美化环境及防护的绿化用地
		0810A	广场用地	指城镇、村庄范围内的广场用地
09	特殊用地			指用于军事设施、涉外、宗教、监教、殡葬、风景名胜等的土地
10	交通运输用地			指用于运输通行的地面线路、场站等的土地。包括民用机场、汽车客货运场站、港口、码头、地面运输管道和各种道路以及轨道交通用地
		1001	铁路用地	指用于铁道线路及场站的用地。包括征地范围内的路堤、路堑、道沟、桥梁、林木等用地
		1002	轨道交通用地	指用于轻轨、现代有轨电车、单轨等轨道交通用地，以及场站的用地
		1003	公路用地	指用于国道、省道、县道和乡道的用地。包括征地范围内的路堤、路堑、道沟、桥梁、汽车停靠站、林木及直接为其服务的附属用地
		1004	城镇村道路用地	指城镇、村庄范围内公用道路及行道树用地，包括快速路、主干路、次干路、支路、专用人行道和非机动车道，及其交叉口等用地
		1005	交通服务场站用地	指城镇、村庄范围内交通服务设施用地，包括公交枢纽及其附属设施用地、公路长途客运站、公共交通场站、公共停车场（含设有充电桩的停车场）、停车楼、教练场等用地，不包括交通指挥中心、交通队用地
		1006	农村道路	在农村范围内，南方宽度≥1.0m、≤8.0m，北方宽度≥2.0m、≤8.0m，用于村间、田间交通运输，并在国家公路网络体系之外，以服务于农村农业生产为主要用途的道路（含机耕道）
		1007	机场用地	指用于民用机场、军民合用机场的用地
		1008	港口码头用地	指用于人工修建的客运、货运、捕捞及工程、工作船舶停靠的场所及其附属建筑物的用地，不包括常水位以下部分
		1009	管道运输用地	指用于运输煤炭、矿石、石油、天然气等管道及其相应附属设施的地上部分用地

续表

<table>
<tr><th colspan="2">一级类</th><th colspan="2">二级类</th><th colspan="5" rowspan="2">含义</th></tr>
<tr><th>编码</th><th>名称</th><th>编码</th><th>名称</th></tr>
<tr><td rowspan="11">11</td><td rowspan="11">水域及水利设施用地</td><td></td><td></td><td colspan="5">指陆地水域,沟渠、水工建筑物等用地。不包括滞洪区中的耕地、园地、林地、城镇、村庄、道路等用地</td></tr>
<tr><td>1101</td><td>河流水面</td><td colspan="5">指天然形成或人工开挖河流常水位岸线之间的水面,不包括被堤坝拦截后形成的水库区段水面</td></tr>
<tr><td>1102</td><td>湖泊水面</td><td colspan="5">指天然形成的积水区常水位岸线所围成的水面</td></tr>
<tr><td>1103</td><td>水库水面</td><td colspan="5">指人工拦截汇集而成的总设计库容≥10 万 m^3 的水库正常蓄水位岸线所围成的水面</td></tr>
<tr><td rowspan="3">1104</td><td rowspan="3">坑塘水面</td><td colspan="5">指人工开挖或天然形成的蓄水量<10 万 m^3 的坑塘常水位岸线所围成的水面</td></tr>
<tr><td rowspan="2">1104A</td><td rowspan="2">养殖坑塘</td><td colspan="3">指人工开挖或天然形成的用于水产养殖的水面及相应附属设施用地</td></tr>
<tr><td>1104K</td><td>可调整养殖坑塘</td><td>指由耕地改为养殖坑塘,但可复耕的土地</td></tr>
<tr><td rowspan="2">1107</td><td rowspan="2">沟渠</td><td colspan="5">指人工修建,南方宽度≥1.0m、北方宽度≥2.0m 用于引、排、灌的渠道,包括渠槽、渠堤、护路林及小型泵站</td></tr>
<tr><td>1107A</td><td>干渠</td><td colspan="3">指除农田水利用地以外的人工修建的沟渠</td></tr>
<tr><td>1109</td><td>水工建筑用地</td><td colspan="5">指人工修建的闸、坝、堤路林、水电厂房、扬水站等常水位岸线以上的建(构)筑物用地</td></tr>
<tr><td>1110</td><td>冰川及永久积雪</td><td colspan="5">指表层被冰雪常年覆盖的土地</td></tr>
<tr><td rowspan="8">12</td><td rowspan="8">其他土地</td><td></td><td></td><td colspan="5">指上述地类以外的其他类型的土地</td></tr>
<tr><td>1201</td><td>空闲地</td><td colspan="5">指城镇、村庄、工矿范围内尚未使用的土地。包括尚未确定用途的土地</td></tr>
<tr><td>1202</td><td>设施农用地</td><td colspan="5">指直接用于经营性畜禽养殖生产设施及附属设施用地;直接用于作物栽培或水产养殖等农产品生产的设施及附属设施用地;直接用于设施农业项目辅助生产的设施用地;晾晒场、粮食果品烘干设施、粮食和农资临时存放场所、大型农机具临时存放场所等规模化粮食生产所必需的配套设施用地</td></tr>
<tr><td>1203</td><td>田坎</td><td colspan="5">指梯田及梯状坡地耕地中,主要用于拦蓄水和护坡、南方宽度≥1.0m、北方宽度≥2.0m 的地坎</td></tr>
<tr><td>1204</td><td>盐碱地</td><td colspan="5">指表层盐碱聚集,生长天然耐盐植物的土地</td></tr>
<tr><td>1205</td><td>沙地</td><td colspan="5">指表层为沙覆盖、基本无植被的土地。不包括滩涂中的沙地</td></tr>
<tr><td>1206</td><td>裸土地</td><td colspan="5">指表层为土质,基本无植被覆盖的土地</td></tr>
<tr><td>1207</td><td>裸岩石砾地</td><td colspan="5">指表层为岩石或石砾,其覆盖面积≥70%的土地</td></tr>
</table>

注:合并地类编码(H),细化地类编码(A/K)。

附录4:国土空间调查、规划、用途管制用地用海分类(试行)与“三调”工作分类对接情况

与“三调”工作分类对接情况

“三调”工作方案用地分类				国土空间调查、规划、用途管制用地用海分类		
一级类		二级类		三级类	二级类	一级类
00	湿地	0303	红树林地	—	0507 红树林地	05 湿地
		0304	森林沼泽	—	0501 森林沼泽	
		0306	灌丛沼泽	—	0502 灌丛沼泽	
		0402	沼泽草地	—	0503 沼泽草地	
		0603	盐田	—	1003 盐田	10 工矿用地
		1105	沿海滩涂	—	0505 沿海滩涂	05 湿地
		1106	内陆滩涂	—	0506 内陆滩涂	
		1108	沼泽地	—	0504 其他沼泽地	
01	耕地	0101	水田	—	0101 水田	01 耕地
		0102	水浇地	—	0102 水浇地	
		0103	旱地	—	0103 旱地	
02	种植园用地	0201	果园	—	0201 果园	02 园地
		0202	茶园	—	0202 茶园	
		0203	橡胶园	—	0203 橡胶园	
		0204	其他园地	—	0204 其他园地	
03	林地	0301	乔木林地	—	0301 乔木林地	03 林地
		0302	竹林地	—	0302 竹林地	
		0305	灌木林地	—	0303 灌木林地	
		0307	其他林地	—	0304 其他林地	
04	草地	0401	天然牧草地	—	0401 天然牧草地	04 草地
		0403	人工牧草地	—	0402 人工牧草地	
		0404	其他草地	—	0403 其他草地	

续表

"三调"工作方案用地分类				国土空间调查、规划、用途管制用地用海分类		
一级类		二级类		三级类	二级类	一级类
05	商业服务业用地	05H1	商业服务业设施用地	—	0702 城镇社区服务设施用地	07 居住用地
				—	0704 农村社区服务设施用地	
				090101 零售商业用地	0901 商业用地	09 商业服务业用地
				090102 批发市场用地		
				090103 餐饮用地		
				090104 旅馆用地		
				090105 公用设施营业网点用地		
				—	0902 商务金融用地	
				090301 娱乐用地	0903 娱乐康体用地	
				090302 康体用地		
				—	0904 其他商业服务业用地	
		0508	物流仓储用地	110101 一类物流仓储用地	1101 物流仓储用地	11 仓储用地
				110102 二类物流仓储用地		
				110103 三类物流仓储用地		
				—	1102 储备库用地	
06	工矿用地	0601	工业用地	100101 一类工业用地	1001 工业用地	10 工矿用地
				100102 二类工业用地		
				100103 三类工业用地		
		0602	采矿用地	—	1002 采矿用地	
07	住宅用地	0701	城镇住宅用地	070101 一类城镇住宅用地	0701 城镇住宅用地	07 居住用地
				070102 二类城镇住宅用地		
				070103 三类城镇住宅用地		

续表

“三调”工作方案用地分类				国土空间调查、规划、用途管制用地用海分类		
一级类		二级类		三级类	二级类	一级类
07	住宅用地	0702	农村宅基地	070301 一类农村宅基地	0703 农村宅基地	07 居住用地
				070302 二类农村宅基地		
08	公共管理与公共服务用地	08H1	机关团体新闻出版用地	—	0801 机关团体用地	08 公共管理与公共服务用地
		08H2	科教文卫用地	—	0802 科研用地	
				080301 图书与展览用地	0803 文化用地	
				080302 文化活动用地		
				080401 高等教育用地	0804 教育用地	
				080402 中等职业教育用地		
				080403 中小学用地		
				080404 幼儿园用地		
				080405 其他教育用地		
				080501 体育场馆用地	0805 体育用地	
				080502 体育训练用地		
				080601 医院用地	0806 医疗卫生用地	
				080602 基层医疗卫生设施用地		
				080603 公共卫生用地		
				080701 老年人社会福利用地	0807 社会福利用地	
				080702 儿童社会福利用地		
				080703 残疾人社会福利用地		
				080704 其他社会福利用地		

续表

“三调”工作方案用地分类				国土空间调查、规划、用途管制用地用海分类		
一级类		二级类		三级类	二级类	一级类
08	公共管理与公共服务用地	08H2	科教文卫用地	—	0702 城镇社区服务设施用地	07 居住用地
				—	0704 农村社区服务设施用地	
		0809	公用设施用地	—	1301 供水用地	13 公用设施用地
				—	1302 排水用地	
				—	1303 供电用地	
				—	1304 供燃气用地	
				—	1305 供热用地	
				—	1306 通信用地	
					1307 邮政用地	
				—	1308 广播电视设施用地	
				—	1309 环卫用地	
				—	1310 消防用地	
				—	1313 其他公用设施用地	
		0810	公园与绿地	—	1401 公园绿地	14 绿地与开敞空间用地
				—	1402 防护绿地	
				—	1403 广场用地	
09	特殊用地			—	1501 军事设施用地	15 特殊用地
				—	1502 使领馆用地	
				—	1503 宗教用地	
				—	1504 文物古迹用地	
				—	1505 监教场所用地	
				—	1506 殡葬用地	
				—	1507 其他特殊用地	

续表

"三调"工作方案用地分类				国土空间调查、规划、用途管制用地用海分类		
一级类		二级类		三级类	二级类	一级类
10	交通运输用地	1001	铁路用地	—	1201 铁路用地	12 交通运输用地
				120801 对外交通场站用地	1208 交通场站用地	
		1002	轨道交通用地	—	1206 城市轨道交通用地	
		1003	公路用地	—	1202 公路用地	
		1004	城镇村道路用地	—	1207 城镇道路用地	
				060102 村庄内部道路用地	0601 乡村道路用地	06 农业设施建设用地
		1005	交通服务场站用地	120801 对外交通场站用地	1208 交通场站用地	12 交通运输用地
				120802 公共交通场站用地		
				120803 社会停车场用地		
				—	1209 其他交通设施用地	
		1006	农村道路	060101 村道用地	0601 乡村道路用地	06 农业设施建设用地
				—	2303 田间道	23 其他土地
		1007	机场用地	—	1203 机场用地	12 交通运输用地
		1008	港口码头用地	—	1204 港口码头用地	
				120801 对外交通场站用地	1208 交通场站用地	
		1009	管道运输用地	—	1205 管道运输用地	
11	水域及水利设施用地	1101	河流水面	—	1701 河流水面	17 陆地水域
		1102	湖泊水面	—	1702 湖泊水面	
		1103	水库水面	—	1703 水库水面	
		1104	坑塘水面	—	1704 坑塘水面	
		1107	沟渠	—	1705 沟渠	
				—	1311 干渠	13 公用设施用地
		1109	水工建筑用地	—	1312 水工设施用地	
		1110	冰川及永久积雪	—	1706 冰川及常年积雪	17 陆地水域

续表

“三调”工作方案用地分类				国土空间调查、规划、用途管制用地用海分类		
一级类		二级类		三级类	二级类	一级类
12	其他土地	1201	空闲地	—	2301 空闲地	23 其他土地
		1202	设施农用地	—	0602 种植设施建设用地	06 农业设施建设用地
				—	0603 畜禽养殖设施建设用地	
				—	0604 水产养殖设施建设用地	
		1203	田坎	—	2302 田坎	23 其他土地
		1204	盐碱地	—	2304 盐碱地	
		1205	沙地	—	2305 沙地	
		1206	裸土地	—	2306 裸土地	
		1207	裸岩石砾地	—	2307 裸岩石砾地	
无此用地用海分类				—	—	16 留白用地
				—	1801 渔业基础设施用海	18 渔业用海
				—	1802 增养殖用海	
				—	1803 捕捞海域	
				—	1901 工业用海	19 工矿通信用海
				—	1902 盐田用海	
				—	1903 固体矿产用海	
				—	1904 油气用海	
				—	1905 可再生能源用海	
				—	1906 海底电缆管道用海	
				—	2001 港口用海	20 交通运输用海
				—	2002 航运用海	
				—	2003 路桥隧道用海	
				—	2101 风景旅游用海	21 游憩用海
				—	2102 文体休闲娱乐用海	
				—	2201 军事用海	22 特殊用海
				—	2202 其他特殊用海	
				—	—	24 其他海域

附录5:第三次全国国土调查工作分类与三大类对照表

第三次全国国土调查工作分类与三大类对照表

三大类	工作分类			
	一级类		二级类	
	类别编码	类别名称	类别编码	类别名称
农用地	00	湿地	0303	红树林地
			0304	森林沼泽
			0306	灌丛沼泽
			0402	沼泽草地
	01	耕地	0101	水田
			0102	水浇地
			0103	旱地
	02	种植园用地	0201	果园
			0202	茶园
			0203	橡胶园
			0204	其他园地
	03	林地	0301	乔木林地
			0302	竹林地
			0305	灌木林地
			0307	其他林地
	04	草地	0401	天然牧草地
			0403	人工牧草地
	10	交通运输用地	1006	农村道路
	11	水域及水利设施用地	1103	水库水面
			1104	坑塘水面
			1107	沟渠
	12	其他土地	1202	设施农用地
			1203	田坎

续表

三大类	工作分类			
	一级类		二级类	
	类别编码	类别名称	类别编码	类别名称
建设用地	00	湿地	0603	盐田
	05	商业服务业用地	05H1	商业服务业设施用地
			0508	物流仓储用地
	06	工矿用地	0601	工业用地
			0602	采矿用地
	07	住宅用地	0701	城镇住宅用地
			0702	农村宅基地
	08	公共管理与公共服务用地	08H1	机关团体新闻出版用地
			08H2	科教文卫用地
			0809	公用设施用地
			0810	公园与绿地
	09	特殊用地	09	特殊用地
	10	交通运输用地	1001	铁路用地
			1002	轨道交通用地
			1003	公路用地
			1004	城镇村道路用地
			1005	交通服务场站用地
			1007	机场用地
			1008	港口码头用地
			1009	管道运输用地
	11	水域及水利设施用地	1109	水工建筑用地
	12	其他土地	1201	空闲地
未利用地	00	湿地	1105	沿海滩涂
			1106	内陆滩涂
			1108	沼泽地
	04	草地	0404	其他草地
	11	水域及水利设施用地	1101	河流水面
			1102	湖泊水面
			1110	冰川及永久积雪
	12	其他土地	1204	盐碱地
			1205	沙地
			1206	裸土地
			1207	裸岩石砾地